シッカリ学べる！
機械設計者のための
振動・騒音対策技術

小林英男 [著]

日刊工業新聞社

はじめに

　今までの約25年間の技術コンサルティング（技術指導）と技術セミナー講師の経験をもとに、いろいろな技術分野の実務エンジニアに役立つ最大公約数的な振動・騒音技術を選び出し、仕事にすぐに役立つ技術と技術ノウハウを少しでも多く書こうと考え、本書を執筆しました。

　当社の技術コンサルティングは単なる技術指導だけでなく、わかりやすい技術解説を加え、技術移転を行いながら技術コンサルティングを実施し、お客様の望まれる成果を出してきました。契約の基本期間は1年間で、必要に応じ毎年契約を更新するというスタイルで技術コンサルティング（技術指導）を実施させてきて頂いており、10年以上技術指導させて頂いている会社もあります。この方法は当初想定した以上にご好評を頂き、現在でも基本的にはこの方法で技術指導をさせて頂いております。

　また、技術コンサルティングや技術セミナーの講師だけでなく、お客様が抱える実際の振動・騒音問題解決のための研究・開発・設計・製造・現地据付・測定評価の仕事も過去10年間くらいやっておりました。

　本書にはこれらの経験が反映されておりますが、お客様との秘密保持契約が現時点でも有効な内容については当然のことながら本書に記載しておりません。それでも執筆し始めると、書くべき内容が思っていた以上に多く頭に浮かび、どれを記載するのか選定するのに多少迷いました。

　また、振動・騒音の技術指導をさせていただく過程で、信号処理技術、有限要素法などによるコンピュータ・シミュレーションなどによるモデル・ベース・デザイン＆ディベロップメントをはじめとして、振動・騒音分野だけでなく関連する技術分野、例えば、制御技術（古典制御技術、現代制御技術）、熱・流体技術、電気・電子技術、疲労・破壊技術、統計解

はじめに

析技術などを必要に応じて勉強し、振動・騒音問題を解決するために、多くのかつ幅広い技術分野の観点から技術指導させて頂いてきました。

　本書は、実務エンジニアが仕事をする上で大いに役に立つことを目的として、振動・騒音技術を中心にしてそれを取り巻く多くの関連する技術分野と連携させながら、厳密さよりもわかりやすさを優先して執筆されています。技術を楽しみ積極的に仕事に大いに役立てようという観点で本書をお読み頂ければ幸いです。ここでいうところの実務エンジニアとは、企業で機械・装置の開発や設計業務を行っておられるかたをさしておりますが、企業の技術研究所に勤務されているエンジニアにも役立つ内容になっていると考えます。特に、機械設計にて力学設計のベースとして活用される材料力学の知識をどのように振動工学に連携させ、設計時において、手計算程度でできる振動対策（共振対策）計算にどのようなものがあってどのように考えて設計すればよいのかについても、ある程度は解説できたのではないかと考えています。そして、具体的には下記のようなかたがたを想定して執筆しました。

① 自分で設計した機械・装置を試作したら、想定していたよりもかなり振動や騒音が大きかった。
この振動・騒音を小さくしないと新商品として販売できない状況になった。
② 販売した機械・装置の振動や騒音が原因で、客先でクレームが発生しておりこの問題解決をしなくてはならなくなった。
③ 設計段階で少しでも低振動化設計、低騒音化設計をしたい。このためのエンジニアリング・センスも修得したいし、そのために使える技術にはどのようなものがあるのかも知りたい。
④ 低振動化・低騒音化のための技術の研究・開発を行いたい。

などです。さらに、「自分の専門分野は機械・装置の開発や設計であり、振動・騒音技術については詳しくないので技術的にどのように対応すればよいのかわからず困ってしまった。現時点では上記のような状況にいないが、今後このような状況に遭遇することが十分にありえるので今のうちから仕事ですぐに役立ちそうな振動・騒音技術を勉強しておきたい。あるいは自分は有限要素法などによる振動や騒音の数値解析が専門で、実験解析技術など数値解析技術以外の技術には不案内なので、これらも含め広く勉強しておきたい。」というかたがたにも十分に役立つ内容になっていると考えます。

実験モード解析ソフト、伝達経路解析ソフト、有限要素法などによる各種の数値解析ソフト、最適化ソフト、他のさまざまなモデル・ベース・デザインのためのソフトなどさまざまなソフトが市販されていますが、基礎技術を修得せずにこれらのソフトを使用しても、解析結果が正しいのかどうかの妥当性を技術面から検証できなければ、解析結果に振り回されてしまうだけです。

本書では、そういうことにならないための基礎技術と実務面での応用のしかたについて、実例と計算例を用いて解説しております。本書をお読み頂ければ、本書に記載されていることを自分の仕事にこういうふうに応用展開すればよい、ということが思い浮かぶのではないかと考えております。思い浮かばないかたは思い浮かぶようになるまで、本書をお手元において頂きご活用頂ければ幸いです。

また、各項目の並び順は、筆者の感覚などによるものであり、特に理由があっての並び順ではないところもあります。その項目にわからない技術専門用語などがあり解説されていない場合は、関連する他の項目をご参照頂ければその解説を見つけることができると思います。

ところで、技術コンサルタントとしてお客様を訪問させて頂いた際、特に訪問先が設計部門の場合、下記のようなことをよく感じました。

はじめに

「機械・装置の設計者としては優秀で経験豊富なかたでも基本は材料力学をベースにした静力学による設計技術に優れたかたであり、動力学である振動技術のことはほとんど理解されていないことが多い。騒音工学についてもほとんど勉強されてないかたが多い。」

こうした状況にもかかわらず、発生した振動・騒音などの動的な問題を自分が理解している静力学に基づいた設計技術で解決しようとしておられました。振動を理解するには、まずは動力学としての振動工学を、騒音を理解するには騒音工学を実務の観点から勉強してからでないと、的外れな対策が多くなり、多くの時間と費用をかけても結局問題解決ができないということになりかねません。勘だけに頼っていると、100発打っても1発もあたらないということもあり得るのです。

よって本書では、振動・騒音問題を解決するに際し、機械設計者が勘違いしやすい技術、陥りやすい技術、理解しにくい技術にも焦点をあてて解説致しました。

本書は振動・騒音技術についての実務書という観点から、学問的な内容の技術ではなく、主に機械・装置の開発・設計者にすぐに役立つ内容を、筆者の知見の中からではありますが、ポイントをわかりやすく解説したつもりです。お忙しい方は必要なところだけを単独で読んで頂いても理解しやすいように工夫しました。

また、振動・騒音問題が発生したときに、発生している現象を物理現象として捉え、その物理現象の本質を見抜き、どのように対策すればその問題が解決できるかという技術を身につけるに際しても、本書に書かれていることがその道標になると考えております。

とはいえ、私自体がいまだに勉強中であり、一人よがりな内容になっている可能性があるかと思いますが、上記の趣旨を考慮してお読み頂ければありがたいです。

この本が一人でも多くの実務技術者のお役に立てば幸いです。

目 次

はじめに　i

第1部　機械の開発・設計者が振動・騒音技術を理解するために必要になる基礎技術を項目別に解説

1-1　振動と音は同じ波動現象ですが、物理現象としての違いは何なのでしょうか？ ………………………………………………………… 2

1-2　同じ波の現象（波動現象）なのに、音と振動で取り扱う上限周波数が違うのはなぜでしょうか？ ………………………………… 4

1-3　音の継続時間が 200 msec 以下なら人間は音の存在に気がつかないらしい！ ……………………………………………………… 6

1-4　周波数の低い騒音のほうが、うるさく感じない！ ……………… 7

1-5　騒音は固体音と空気音に大別できます。どちらの騒音かによって騒音対策の内容が全く異なります。（よって、問題となる騒音が固体音であるのか空気音であるのかを明確にするのが騒音対策の1丁目1番地になります。また、振動による音の音響放射効率とは？） ………………………………………………………… 8

1-6　実は物体には3種類あります。それらは質点、剛体、連続体です。（これは意外に重要なことなのです。各物体のための力学が構築されています。この3種類の物体は各々どのようなものなのでしょうか？） …………………………………………………… 10

1-7　振動体のモデル化のしかた（質量、剛性、減衰） …………… 12

　　　☕コーヒーブレイク　●　線形1自由度振動方程式における線形とは？ ………………………………………… 13

☕コーヒーブレイク ● 何自由度でモデル化しますか？ ……… 13

1-8 ダランベールの原理のおかげで振動を方程式で表すことができます！
（静力学では力が釣り合っているときは物体が静止していますので等号を使用して釣り合いの式を作成することができます。振動では物体が動いているにもかかわらず、力の釣り合いの式を作成するように振動を式で表すことができます。なぜでしょうか？） ……… 14

1-9 力学は静力学と動力学に大別できます。静力学と動力学、どう違うのでしょうか？ ……… 17

1-10 静剛性と動剛性、どう違うのでしょうか？ ……… 19

1-11 一言で物体の質量と言っても、静的質量と動的質量（等価質量）があります。どのように違うのでしょうか？ ……… 20

1-12 比例粘性減衰力はなぜ、物体の振動速度に比例するのだろうか？ ……… 24

1-13 非減衰固有振動数、減衰固有振動数とは？固有振動数とは何のことでしょうか？ ……… 26

☕コーヒーブレイク ● 非減衰固有振動数、減衰固有振動数、共振振動数 ……… 27

1-14 振動モードとは？減衰固有振動数との関係は？ ……… 28

☕コーヒーブレイク ● 集中定数系で自由度と固有振動数の総数を考えてみよう！ ……… 28

1-15 シンプルな形状の物体の固有振動数や振動モードはクラドニ図形やストロボによって知ることができます。 ……… 31

1-16 世の中の物体は1自由度系では振動しないのに、振動の技術専門書には線型1自由度系の振動理論が多くのページをさいて解説されているのはなぜでしょうか？ ……… 32

1-17 力の回転モーメントとはどのようなものでしょうか？回転振動を考える上で重要ですので具体的にイメージしてみましょう。 ……… 33

1-18	直線におけるニュートンの運動方程式から回転における運動方程式を導くことができます。そのやり方は？	35
1-19	回転の勢いと角運動量との関係は？	37
1-20	直線運動と回転運動、エンジニアとしてどのように考えどのように取り扱えばよいのでしょうか？	38
1-21	断面2次モーメントと慣性モーメント、どのように違うのでしょうか？	40
1-22	回転軸の振れ回りと危険速度	41
1-23	ねじり振動の固有振動数の求め方	44
1-24	機械や装置などの物体の減衰固有振動数を測定するための理論は？	46

- ☕コーヒーブレイク ● フーリエスペクトルとパワースペクトルの違いは？そして周波数応答関数 ……… 53

- ☕コーヒーブレイク ● FFT（高速フーリエ変換器）の使用に際して、操作者が自分で決めなければならないこと ……… 54

- ☕コーヒーブレイク ● 各種の周波数応答関数の呼び方 ……… 55

- 📖もう少し詳しく！ FFTでイナータンス→モビリティ→コンプライアンスへの変換における積分特性 ……… 56

- 📖もう少し詳しく！ 実際の周波数応答関数（イナータンス）の測定データから共振周波数であるかないかを検証してみよう！ ……… 59

- 📖もう少し詳しく！ 測定時に過負荷インジケータ（オーバーロードインジケータ）を常に監視していますか？ ……… 61

目　次

1-25　多自由度（2自由度以上）の線形減衰振動のニュートンの運動方程式の作成のしかたとそれらの行列表示のしかた ……………… 62

1-26　振動加速度ピックアップの接触共振周波数とは？ …………………… 64

　　　☕コーヒーブレイク　● 振動加速度ピックアップの選定では重量が重要、MEMSによる振動センサとは？ ……………………………………………… 66

1-27　要注意！　振動加速度ピックアップのケーブルの取り扱いノウハウ ……………………………………………………………………………… 68

1-28　有限要素法などで使われている「場の支配方程式」とはどのようなものですか？
　　　場の支配方程式の例として音の波動方程式を詳しく考えてみましょう！ ………………………………………………………………………… 70

　　　📖もうすこし詳しく！　非定常の波動方程式から定常の波動方程式を導出 ………………………………………………………………… 70

　　　📖もうすこし詳しく！　流体や電磁場でもよく使用されるベクトル解析という数学をワンポイント解説 …………………………… 73

1-29　（振動放射音の発生メカニズムには近接音場と遠音場の物理も含まれます。これからすると全ての振動エネルギーにより放射された音が遠音場に到達しているわけでありません。）近接音場における音響エネルギーの渦とは？ ……………………………… 76

　　　☕コーヒーブレイク　● 場とは？ どこまでが近接音場かを簡単に確認する方法は？ ………………………………………… 77

　　　📖もうすこし詳しく！　音響インテンシティはどのような理論に基づいて計測されているのでしょうか？ 音響インテンシティ計測における直接法、間接法とは？ …………………………………………………………… 79

1-30　振動・騒音分野ではごく普通に複素数が使用されます。なぜ複素数を使用するのでしょうか？ ………………………………………… 81

	☕コーヒーブレイク ● 任意の大きさの位相を数式で表すには？ ·· 82

1-31 振動加速度を FFT で 2 回積分すると変位になりますが、この変位データは使用しないほうがよいでしょう。 ················ 84

	☕コーヒーブレイク ● 振動加速度ピックアップの縦感度と横感度 ·· 85

1-32 空気の粒子速度とは？粒子速度と音の伝播速度は異なります！ ·· 86

1-33 有限要素法による振動解析の種類と概要（機械分野にて） ······· 87

	☕コーヒーブレイク ● 有限要素法を言葉で単刀直入に短い文章で説明すると ·· 88

第2部 機械の開発・設計者に必要になる振動・騒音の低減技術と問題解決技術

2-1 たたみ込み積分、周波数応答関数、コヒーレンス関数とは？ ········ 90

2-2 モード信頼性評価基準（MAC）とは？ ···································· 92

2-3 製鉄所の燃焼炉の燃焼音の低減 ·· 94

2-4 電子部品が高密度実装されたプリント基板にてどの部品が騒音源であるのかを見つける方法は？
この場合の騒音の最大低減量の数値を求める簡単な方法とは？ ······ 95

	☕コーヒーブレイク ● 通常使用している騒音計で 20 dB（A）という大きさの騒音を測定することができるでしょうか？ ···················· 98

2-5 大きな振動は大きな騒音を放射するというのは間違いであるということが多い。振動体の音響放射効率を考えないといけません。（また、正方形の板と細長い板を比較すると細長い板の音響放射効率は通常低くなります。） ··· 99

目　次

2-6　衝撃振動は、時間幅が大きくなるにつれて周波数帯域が狭くなります！ ……………………………………………………………………… 102

2-7　振動を測定するとき振動加速度ピックアップをどのような方法で取り付けておられますか？ ………………………………………… 104

2-8　自分が実測した測定データに対して測定した瞬間に違和感（このデータはおかしい、変だ）を感じたもう1つの例 ……………………… 106

2-9　丸型防振ゴムで防振支持した系全体の固有振動数の計算のしかた ……………………………………………………………………… 107

　　☕コーヒーブレイク　● バネーマス系の剛体の固有振動数を求める式と変位を求める式を導出してみましょう ……………………… 108

　　☕コーヒーブレイク　● バネーマス系の剛体の固有振動数を求める式を実務エンジニアリングに使用しやすくなるように変形してみよう！ ……………………………………………………………… 110

2-10　共振を回避できないときはダンピング（減衰）により共振の程度を弱めることができる！ ……………………………………………… 112

2-11　意外に多いコイルばねの設計・選定における失敗！実務におけるサージングしないコイルばねの設計のしかたと計算例題！ ……………………………………………………………………… 113

2-12　（固有値解析には「標準的な固有値解析」と「一般的な固有値解析」があります。）実固有値解析による振動モードでは絶対値が求まらず相似比しか求まらない理由は？この2つの固有値解析の関係と計算例 …………………………… 117

　　📖もう少し詳しく　「一般的な固有値問題」と「標準的な固有値問題」が等価になる理由 ………………………………………… 119

　　📖もう少し詳しく　固有値解析のための行列［A］の計算のしかた …………………………………………………………………… 121

	コーヒーブレイク ● 実固有値解析による振動モードでは絶対値が求まらず相似比しか求まらない理由 ……………… 123

2-13 部品やユニットの固有振動数の値をある範囲内に抑え共振回避するための設計計算法の例 …………………………………… 126

2-14 有限要素法の実固有値解析による機械カバーの問題点の抽出と対策 ………………………………………………………… 128

2-15 実例で考えよう！ 実際の機械設計にて静剛性と動剛性はこんなに違う！ ………………………………………………… 130

2-16 ねじり振動系を直線振動系に置き換えて固有振動数を計算する方法 ………………………………………………………… 133

2-17 スティック・スリップの場合の自励振動のモデル化と相対速度依存性 ……………………………………………………… 135

2-18 実務エンジニアリングの観点からのパッシブ（受動）消音とアクティブ（能動）消音 ……………………………… 138

    コーヒーブレイク ● 日本における ANC の歴史的経緯の概略 ……………………………………………………… 143

    コーヒーブレイク ● 実務にける要領のよいアクティブ・ノイズ・コントロールの使い方 ……………… 144

    コーヒーブレイク ● いろいろな制御理論について ……………… 144

2-19 工場の防音対策を安価に行う方法は？防音工事は防音工事屋でなく自分たちだけで十分できます！ ………………… 145

2-20 空気中での音の吸音率と超低周波音対策の実際例 ……… 146

2-21 （通常の事務所や工場などでは対象とする機械の騒音を正しく測定できません。音響反射や定在波が生じるからです。）定在波により実際に発生した騒音問題とその解決のしかた！ ……… 149

2-22	実務ですぐに使える実験データによる慣性モーメントの求め方とは？	153
2-23	動吸振動器（ダイナミック・ダンパー）を設計するための最適設計理論とは？	157
2-24	等価質量同定法は大変便利！ 等価質量同定法を使用した動吸振器の実務的な設計法とは？	164
2-25	片持ちはり構造を持つ製品の固有振動数の計算のしかた	168
2-26	実験モード解析とは？ シンプルに解説すると	171
2-27	線型1自由度系減衰振動を制御工学のブロック線図で描いてみよう。 （このように表すと、MATLABのSimulink上にすぐに描くことができます。）	173
2-28	実務エンジニアリングの観点からの振動のパッシブ制御技術とアクティブ制御技術について	175
2-29	振動センサのIoT化のしかた	179
2-30	機械学習を使用した振動による故障予知診断のしかた	181
2-31	マルチフィジックスの物理現象をモデル・ベース・デザイン（MBD）によるフロントローディングで研究・開発・設計を行う。発生している物理現象の本質を見抜きそれを数式で表す技術を修得するには？	182

おわりに ……………………………………………………………………… 185

第1部

機械の開発・設計者が振動・騒音技術を理解するために

必要になる基礎技術を項目別に解説

1-1 振動と音は同じ波動現象ですが、物理現象としての違いは何なのでしょうか?

〈振動の場合〉

図1にて、手で質量 M を持ち上げ、または持ち下げ、手を放します。

すると質量 M は重力と釣り合っている位置を中心にして上下に動きます。これは数学的にはサイン波で表すことができます。

このことは違和感なく当然のこととしてご理解頂けると考えます。

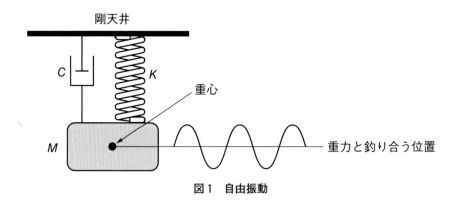

図1　自由振動

〈音・騒音の場合〉

　音波が空間を伝わっていく場合を考えます。音波を理論的に扱うためには数式を使用しなくてはなりません。

　音波の場合は、音波のエネルギーの密な部分をサイン波のピーク（山）に対応させ、音波のエネルギーの粗なところをサイン波のディップ（谷）に対応させています。サイン波だけを見ますとゼロになる場所がありますが、この場所で音波のエネルギーはゼロになっていません。

　あくまでも音波とサイン波をこのように対応させることにより、音波もサイン波という数式で表すことができるようにしているということになります。

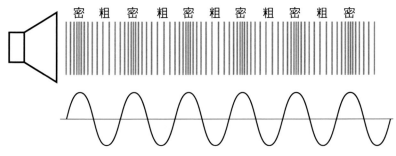

図2　音波である粗密波とサイン波の対応関係

1-2 同じ波の現象(波動現象)なのに、音と振動で取り扱う上限周波数が違うのはなぜでしょうか?

ここでは簡単のために、音を空気中を伝わる音に限定します。

例えば、空気中で物体が振動するとその物体に接している空気の粒子が振動し、その振動がとなりで接している粒子を振動させ、というように繰り返されることにより音が空気中を伝わっていきます。よって、音は空気中で音のエネルギが伝わっていく現象であると言われています。

音が空気中を伝わるとはこのような現象なので、周波数で言うと比較的高い周波数の音まで伝わります。人間は、一般的に 20 Hz から 20 kHz までの音を聞くことができると言われています。ちなみに、20 Hz 以下の周波数の音を超低周波音、20 kHz 以上の音を超音波と呼んでいます。人により異なりますが、人間は老化により、例えば 35 歳くらいで 15 kHz くらいまで、45 歳くらいで 10 kHz くらいまでの音しか聞くことができなくなります。

オージオメータと呼ばれる聴力損失を測定する装置で測定すると、このあたりのことが実測データとしてよくわかります。健康診断のときに皆さんも測定されていると思います。

それに比べると振動は、物体内での現象ですので、あまり高い周波数の振動は問題となる物理現象になりにくいので、通常だいたい 500 Hz、せいぜいいっても 1 kHz くらいまでしか取り扱わないということが多くなります。

よって、音と振動は同じ波の現象(波動現象)なのに、技術の分野では取り扱う上限周波数が違うということになります。

1-3 音の継続時間が200 msec以下なら人間は音の存在に気がつかないらしい！

　音が存在していても、その継続時間が短く200 msec以下なら、人はそこに音があることに気がつかないと言われています。

　これは、筆者の記憶によるとその昔、大阪大学の某教授と産学協同研究をさせて頂いていたときに教えて頂いた話です。

　つまり、音があってもその継続時間が200 msec以下だと、人は音がないと判断してしまうということです。面白いですね。ということは、あくまで可能性の話ですが、問題となる騒音が存在するときにその継続時間を200 msec以下にできれば、人間にとってその騒音が全くなくなってしまったのと同じことになるというわけです。

　騒音対策を行うエンジニアにとって、何とも夢のある話ですね。

1-4　周波数の低い騒音のほうが、うるさく感じない！

　人間の耳は周波数によって感度が異なります。これを別の表現をすると、人間の耳の感度は周波数依存性がある、ということになります。

　人間の耳で一番感度が良い周波数は、3000 Hz くらいと言われています。

　人間の耳の周波数特性を近似したものに騒音計で使用されている A 特性があり、下図になります。

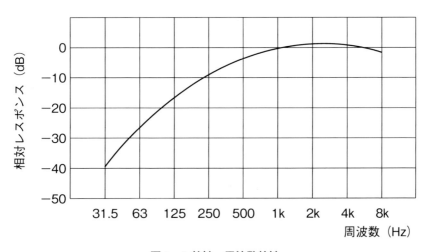

図1　A 特性　周波数特性

1-5 騒音は固体音と空気音に大別できます。どちらの騒音かによって騒音対策の内容が全く異なります。(よって、問題となる騒音が固体音であるのか空気音であるのかを明確にするのが騒音対策の1丁目1番地になります。また、振動による音の音響放射効率とは?)

騒音問題を解決するに際して問題となる騒音は、必ず固体音（振動放射音とか単に放射音と呼ぶこともあります）か空気音のいずれかに分類されます。

固体音と空気音の低減のための技術は全く異なります。固体音を低減させるためには、騒音対策でありながら実は振動を低減させなければならないということになります。

ここで注意しなくてはならない重要なことがあります。それは、FFT（Fast Fourier Transform、高速フーリエ変換器）で振動の周波数分析をしてパワースペクトルを求めたときに、例えば、一番大きなピーク周波数の振動だからといって大きな騒音を放射しているとはかぎらないということです。振動による音の放射効率、これを音響放射効率と呼んでおりますが、これを考慮しなくてはならないのです。

このあたりの研究は、古くはメイダニックやウォラスなどの研究者により平板などのシンプルな形状の鋼板の音響放射効率が研究されました。日本でも大学の先生によって、音響インテンシティや振動インテンシティなどの測定を通して平板が放射する固体音についての研究などが行われました。

しかし実際の商品などに使用されている複雑な構造体の音響放射効率の研究は、大変困難なようです。

空気音の場合は、空気中に発生した渦が存在する場合は、これが空気音

発生の原因になりますので渦の発生を減少させれば空気音の大きさは小さくなります。

　例えば、工場内でエアガンを使用するとエアガンから圧縮空気が放出されます。圧縮空気の放出口では大気中に圧縮空気が放出されますので、音響インピーダンスの差により渦が発生します。この渦により音波が発生しこれが騒音になります。
　ですから渦の発生を減少させれば、このような空気音を低減することができるということになります。

　よって、騒音問題対策の実務では、まず最初に問題となる騒音がこの2種類のうちのどちらになるのかを技術的に明確にさせることが騒音問題解決のための1丁目1番地ということになります。

1-6 実は物体には3種類あります。それらは質点、剛体、連続体です。(これは意外に重要なことなのです。各物体のための力学が構築されています。この3種類の物体は各々どのようなものなのでしょうか?)

　何で物体に質点、剛体、連続体の3種類があるということを理解しなくてはならないのか？と疑問を持たれる読者は少なくないかもしれません。しかし、これが物体の振動理論を理解し実務で振動技術を使いこなすための第1歩としてとても重要になります。

　我々が生活している地球に存在している物体は、上記の3種類の物体のうち、連続体だけです。しかしながら、連続体は複雑な振動をするので、最初から連続体の振動を取り扱う理論を構築するのは困難ですので、連続体の振動から曲げ振動やねじり振動など振動によって連続体の任意の2点間の距離が変化する振動はしない物体として、剛体という連続体の振動を制限した物体を考案し、剛体の力学というものが構築されました。剛体が振動した場合、剛体の重心の置は変わりません。連続体（弾性体）が振動した場合は重心位置が変わってしまいます。

　ですから、連続体を剛体と仮定した場合、連続体を剛体で近似したということになります。剛体がどんなに大きくても、また複雑な形状でもこれらが振動したときの力学を考える場合、重心位置の運動を考えるだけでよい、つまり大きさや形状を考慮しなくてよいということなり、実務上大変便利です。

　剛体という物体の本質を損なわずにさらにシンプル化すると質点になります。質点は質量はあるが大きさがないと定義されています。質点を考えること自体ナンセンスというように考えるかたが多いのではないかと推測しますが、質点は剛体の重心位置に一致しますので理論的な問題はありません。よって、質点の力学を今でも学校で教えているというわけです。

なぜ、このような解説をしたかと言いますと、振動の計算を行う場合、どの計算式を使用すればよいのかを判断するのにこの知識が必要になるからです。

例えば、平板や片持ち板、シャフトの固有振動数を計算するとき、剛体の振動学（これを基本的に機械力学と呼びます）による固有振動数を求める式を使用すればよいのか、連続体の振動学による固有振動数を求める式を使用すればよいのかを自分で判断しなければならないからです。例えば、固有振動数を計算するとき、自分が使おうとしている式が質点や剛体の固有振動数を計算する式なのか、連続体の固有振動数を計算する式なのか、わからずにやみくもに計算するようでは何をやっているのかわからなくなってしまいます。

結論的に言うと、基本的に質点と剛体の振動を計算する式は同じです。図1のように質点と連続体では自由度が異なります。連続体の振動を計算する式は異なります。

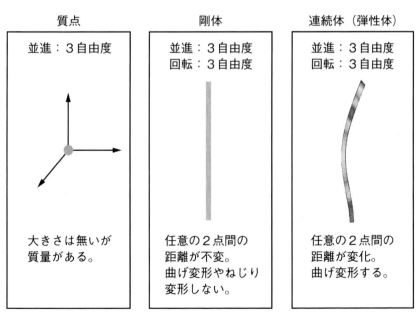

図1　各物体の種類とそれぞれの場合の自由度

1-7　振動体のモデル化のしかた（質量、剛性、減衰）

　地球上に実在する全ての物体は、質量、剛性、減衰でモデル化できます。

　振動におけるモデル化とは、その振動の本質を見抜くことにより枝葉を取り除くことができ、それにより単純化することができるので、その振動を数式で表し、計算できるようにするということです。

　例えば、下図のように天井に完全固定された丸棒の線形1自由度の縦振動（鉛直方向の振動）を集中定数系でモデル化すると**図1**の(b)になります。

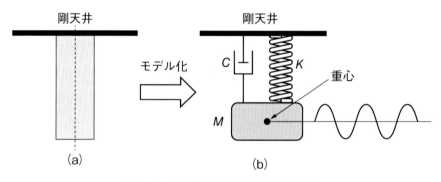

図1　集中定数系による丸棒のモデル化

　図1の(a)における丸棒の全質量が(b)のMに、(a)の全剛性が(b)の1個のばねKに(a)の全ての減衰が(b)の1個の減衰Cに集中したとして、モデル化するのが集中定数系です。

　面白いことに、このように集中定数化すると、ばねにも減衰にも質量がないということになります。質量は全て(b)のMに集中していると考えるからです。

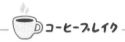

● 線形1自由度振動方程式における線形とは?

　例えば、1自由度の線形な振動の式を表す言葉に「線形1自由度振動方程式」というのがあります。振動という運動自体はもともと線形ではなく非線形です。にもかかわらず、このように線形振動と呼んでも間違っていないのでしょうか?

　振動は線形な動きではなく非線形な動きですが、1自由度系の線形振動を表す微分方程式自体が線形なのです。この場合は物理現象ではなく微分方程式が線形なので、線形1自由度振動方程式と呼ぶのです。

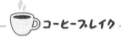

● 何自由度でモデル化しますか?

　振動問題を対策するとき、何自由度でモデル化し対策するかは対策者が自分で決めなければなりません。何自由度でモデル化するかの基準は、誰かが教えてくれるわけでもなく、振動の技術専門書にも記載されていません。実務エンジニアリングでは、1自由度、または2自由度、せいぜいいっても3自由度くらいでモデル化したいものです。

1-8 ダランベールの原理のおかげで振動を方程式で表すことができます！

（静力学では力が釣り合っているときは物体が静止していますので、等号を使用して釣り合いの式を作成することができます。振動では物体が動いているにもかかわらず、力の釣り合いの式を作成するように振動を式で表すことができます。なぜでしょうか?）

ダランベール（1717～1783）は、フランスの哲学者・数学者・物理学者です。ニュートンが生まれたのが1642年で、プリンキピアを出版したのが1687年ですから、古典力学ができあがった後に活躍されたかたと考えられます。

ダランベールは、「ダランンベールの原理」などで有名です。といってもダランベールの原理を発表したときは、周囲から大した内容ではないと評価されたようです。時を経るにつれ、ことの重要さが理解され、少なくとも現時点では、多くのかたからダランベールの原理がなかったら振動工学という学問自体ができなかっただろうとまで言われています。

ダランベールの原理をわかりやすく表現すると、下記のようになると考えてよいと思います。

> 物体に力が働くと物体は動きます。そのとき物体には加速度が生じます。この加速度と物体の質量の積を慣性力と呼んでおり、この大きさはこの物体に働いた力の大きさと同じになります。すなわち、動いている物体でも慣性力を考慮すれば、物体は瞬時瞬時で物体に働く力と慣性力が釣り合っているとして、等号を用いて振動を表す方程式を作成することができます。

この「ダランベールの原理」がなければ、1自由度系の振動ですら式で表すことができない、すなわち計算することができないわけですから、この原理がなければ、振動工学という学問体系を構築できなかっただろうというのは学者ではなくともうなずける話です。

　ダランベールの原理により、鉛直上方に働く力と鉛直下方に働く慣性力が変位 x の値に応じ瞬時瞬時で釣り合うことになり下式が得られます。
　このとき質量 M は減衰固有振動数で振動します。
　$C=0$ の場合は、質量 M は非減衰固有振動数で振動します。
　この非減衰固有振動数のことを非減衰という言葉を省略して単に固有振動数と呼びます。
　図1の(a)図は、質量 M が振動を開始する前の状態を表しています。この状態で質量 M を手で力 f で鉛直下方に引張り、M が x だけ変位してから手を離した直後の状態が(b)図です。

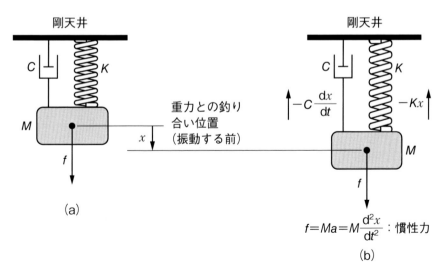

図1　ダランベールの原理の模式図

このときは、ばねも減衰器（ダンパー）も x だけ変位していますので、各々元に戻ろうとする力が働きます。ここにおいて、鉛直下方に働く力をプラスの方向の力、鉛直上方に働く力をマイナスの方向に働く力とします。

　ダランベールの原理により、鉛直上方に働く力と鉛直下方に働く慣性力が変位 x の値に応じ瞬時瞬時で釣り合うことになり、下式が得られます。このときの質量 M は減衰固有振動数で振動します。$C=0$ の場合は、質量 M は非減衰固有振動数で振動します。この非減衰固有振動数のことを、非減衰という言葉を省略して単に固有振動数と呼びます。

$$M\frac{\mathrm{d}^2 x}{\mathrm{d}t^2} = -C\frac{\mathrm{d}x}{\mathrm{d}t} - Kx \quad ①$$

①式を変形して

$$M\frac{\mathrm{d}^2 x}{\mathrm{d}t^2} + C\frac{\mathrm{d}x}{\mathrm{d}t} + Kx = 0 \quad ②$$

②式を1自由度線形系におけるニュートンの運動方程式と呼びます。振動自体は線形な動きではありませんが、②式が数学的に線形なのでこのように呼びます。

1-9　力学は静力学と動力学に大別できます。静力学と動力学、どう違うのでしょうか？

　静力学とは文字通り静的な力学であり、材料力学、弾性力学、塑性力学のことです。疲労解析や破壊力学もこの延長線上の力学と言うことができるのではないかと考えます。

　静力学は基本的に、物体に働く任意の数の力が釣り合った状態を考えますので物体は動かないので周波数でいうと0 Hzの力学ということになります。

　ところが例えば材料力学では、はりに集中荷重や等分布荷重が働き、はりがゆっくりと曲がっていきます。ここではゆっくり曲がっていくという動きが入るので、この場合は0 Hzの力学ではないと思われるかもしれませんが、動き終わったあとの静的に釣り合った状態を取り扱うので、これも0 Hzの力学に含まれるということになります。

　実務エンジニアリングの観点から言いますと、多少振動していてもその周波数がすごく低ければ動的というより静的な性質が強く影響しますので、近似して静的な現象として取り扱うということが多々あります。

　動力学とはこれも文字通り動的な力学で機械力学や振動工学がこれにあたります。

　機械力学とはもともと剛体の振動を取り扱う学問であったそうですが、時の経過とともに連続体（弾性体）の振動を取り扱った機械力学の専門書も見受けられるようになってきました。

　振動工学は、基本的に連続体（弾性体）の振動を扱う学問です。

　機械力学も振動工学も周波数で言いますと、0 Hzを除くすべての周波数における振動を取り扱う、ということになります。ですから動力学は複雑で面倒なので大変だということになるわけです。

　機械や装置の設計で使う力学は通常ほとんどが材料力学と弾性力学をベ

ースにした降伏点応力、引張り強さ、許容応力、主応力（最大主応力、中間主応力、最小主応力）、ミーゼスの相当応力、疲労限度、破壊靭性値などです。これらの力学を使用して力学計算をして壊れずに所要の力学的機能を満たす機械・装置を設計するというのが、機械や装置の力学設計と考えてよいでしょう。

　このように設計した機械はモータ、エンジン、油圧源、空圧源などの駆動源を有しています。これらの駆動源が稼動すると振動を発生します。この振動が静力学で設計した機械・装置の全ての部品に伝わっていきます。

　言い換えると、静力学で設計した機械・装置を動力学の状況下で使用するということになります。これは、設計時点では振動が小さくなるような設計や共振を避ける設計がなされていないということを意味します。

　ですから静力学で設計した機械をすぐに試作し実際に稼動させると、時に想定外の大きな振動や騒音が発生し困ってしまうということがあるわけです。と言って、設計段階で全ての振動問題や騒音問題を発生させない、例えば手計算でできる静力学における計算式に相当するような動力学における計算式はあまり見あたらないというかほとんどないので、有限要素法などによる数値解析技術や実験モード解析などの実験解析技術を有効に活用してこの問題点を補おう、ということが従来から行われてきているわけです。

1-10　静剛性と動剛性、どう違うのでしょうか？

　パーツなどの物体の静力学における剛性を静剛性、動力学における剛性を動剛性と呼びます。周波数でいうと 0 Hz における剛性を静剛性、0 Hz 以外の周波数における剛性を動剛性と呼びます。

　このように周波数が変わると、部品の動剛性の値が変わります。よって、いくつかの周波数では共振が発生しますが他の周波数では共振が発生しないということになります。共振が発生すると振動・騒音が大きくなり、亀裂が入ったり破損したりするので危険です。通常は、共振だけはなんとか避けたいということになります。

　なお当然のことですが、亀裂や破損・破壊は振動だけでなく、材料の疲労や破壊によっても発生するということを確認のために付け加えておきます。

1-11 一言で物体の質量と言っても、静的質量と動的質量（等価質量）があります。どのように違うのでしょうか？

　静的質量とは、振動していない静的な状況での「物体全体の質量」のことですこれは我々が通常いうところの「物体の質量」のことですので、すぐにイメージできると思います。

　動的質量のことを等価質量とも呼びます。等価質量は連続体が振動したときに振動に関係している質量のことですので、連続体がどのように振動するかによって異なります。

　表1にバネの形式と質量の位置に対応した動的質量の計算のしかたを整理しました。動的質量は、言葉で説明してもなかなかイメージしにくいかもしれませんので、具体例を考えます。

　表1に記載されているコイルばねの場合、動的質量がなぜ $W+w/3$ になるのか、具体的な計算により確認してみましょう。具体的な計算例として**図1**の場合を考えます。

　振動中におけるバネの各点での変位が、その時点のバネの全長の変化量に比例すると仮定します。運動エネルギはバネの全長を l、単位長さの質量を v として、バネの a の位置における速度を t とすると

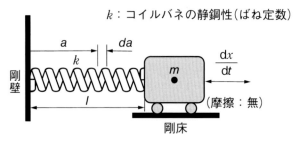

図1　水平振動の例

$$l : \frac{dx}{dt} = a : t \quad \text{①}$$

$$t = \frac{a}{l}\frac{dx}{dt} \quad \text{②}$$

全運動エネルギ T_{total} は

$$T_{total} = \frac{1}{2}m\left(\frac{dx}{dt}\right)^2 + \int_0^l \frac{1}{2}\left(\frac{a}{l}\frac{dx}{dt}\right)^2 vds$$

$$= \frac{1}{2}\left(m + \frac{1}{3}vl\right)\left(\frac{dx}{dt}\right)^2 \quad \text{③}$$

よって、固有角振動数 ω_n は

$$\omega_n = \sqrt{\frac{k}{m + \frac{1}{3}vl}} \text{ (rad/s)} \quad \text{④}$$

つまりこの場合、静的質量は $m+vl$ ですが、図1の質量 m の位置における質量とバネによる動的質量は③式により $m+\frac{1}{3}vl$ となり、vl の $\frac{1}{3}$ 倍が付加されていることがわかります。

④式中の k は図1より静剛性ですが、ここでは動剛性の近似値として使用していると考えて下さい。

次に、片持ちはりの先端に重りがついた場合の上下振動を考えます。この片持ちはりの先端の重りの位置での動的質量（等価質量）を計算により求めることにします（**図2**）。

振動しているはりのたわみ曲線を材料力学の静たわみ曲線で近似することにします。

片持ちはりの静剛性 k は、材料力学より

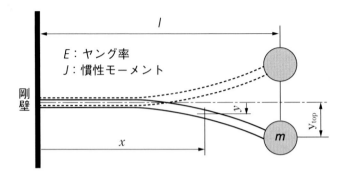

図2　片持ちはり先端の質量の位置での動的質量（等価質量）

$$k = \frac{3EJ}{l^3} \quad ①$$

この静剛性をこの場合の1次の固有振動数を求めるのに必要になる動剛性の近似値として使用することにします。

静たわみ曲線は

$$y = \frac{1}{2} y_{\text{top}} \left\{ 3\left(\frac{x}{l}\right)^2 - \left(\frac{x}{l}\right)^3 \right\} \quad ②$$

この系の全運動エネルギ T_{total} は

$$T_{\text{total}} = \frac{1}{2} m \left(\frac{dy_{\text{top}}}{dt}\right)^2 + \int_0^l \frac{1}{2} \left(\frac{dy}{dt}\right)^2 v dx \quad ③$$

③式に②式を代入して計算すると

$$T_{\text{total}} = \frac{1}{2} \left(m + \frac{33}{140} vl \right) \left(\frac{dy_{\text{top}}}{dt}\right)^2 \quad ④$$

このシステムの固有角振動数 ω_n は

$$\omega_n = \sqrt{\frac{k}{m + \frac{33}{140} vl}}$$

$$\fallingdotseq \sqrt{\frac{k}{m + \frac{1}{4}vl}} \quad (\text{rad/sec}) \qquad ⑤$$

　図1、図2は動的質量（等価質量）を求める計算例ですので、他の場合についても計算し、この例も含め整理すると表1のようになります。表1のコイルばねは図1に、片持ちはりは図2に相当します。

表1　ばねの種類と質量の位置による動的質量の整理

ばねの形式	本体質量Wとばね質量wの図	動的質量W_e
コイルばね	壁──〜〜〜〜〜──W　　w	$W + \frac{1}{3}w$
片持ちはり	壁──────W　　w	$W + \frac{1}{4}w$
両端支持はり中央荷重	△───W───△　w	$W + \frac{1}{2}w$
両端固定はり中央荷重	├───W───┤　w	$W + 0.4w$

1-12 比例粘性減衰力はなぜ、物体の振動速度に比例するのだろうか？

全ての振動は、質量、剛性、減衰の3要素で表される（モデル化できる）ことはすでに説明したとおりです。減衰は振動エネルギーを消費してくれるので、振動エネルギーが消費された分だけ振動が小さくなります。質量と剛性は、減衰のように振動エネルギーを消費してくれません。

よって、実際の商品の振動対策にて、振動を小さくすることに有効なのは通常は減衰です。世の中で一番最初に販売された減衰器（ダンパ）は、オイルダンパではないでしょうか？

ここでは、オイルダンパについて考えます。

オイルダンパと等価な円管の摩擦を考えます。
ハーゲン・ポアズイユの法則によれば

$$\Delta p = \frac{8\mu l}{\pi a^4} Q \quad ①$$

ただし、μ：粘性係数
l：オリフィスの長さ（ピストンの厚さ）
a：オリフィスの半径
Q：オリフィスを通る流量、
$A(=\pi R^2)$：ピストンの断面積
$A'(=\pi a^2)$：穴の面積

ピストンの速度を $\frac{dy}{dt}$ とすれば

$$A \frac{dy}{dt} = Q \quad ②$$

よって

$$\Delta p = \frac{8\mu l}{\pi a^4} \cdot A \frac{dy}{dt} = \frac{8\pi\mu l}{A'^2} \cdot A \frac{dy}{dt} \qquad ③$$

オイルダンパによる減衰力は

$$f = \Delta p \cdot A = 8\pi\mu l \left(\frac{A}{A'}\right)^2 \cdot \frac{dy}{dt} = c \frac{dy}{dt}$$

f は $\frac{dy}{dt}$ に比例し c は比例定数で、比例粘性減衰定数と呼んでいます。

　この減衰力は振動速度に比例することがわかります。

　よって、この減衰を比例粘性減衰と呼びます。

　実際の減衰はもっと複雑で扱いにくいのですが、この比例粘性減衰定数を近似値として使用すると、運動方程式が線型微分方程式になり扱いやすくなるので、この比例粘性減衰がよく使用されます。

　比例粘性減衰の状態は、レイノルズ数で考えると、約 $Re<2000$、つまり層流で、かなり細いところをゆっくり通過する液体の場合に相当するということです。

1-13 非減衰固有振動数、減衰固有振動数とは？ 固有振動数とは何のことでしょうか？

通常、単に固有振動数というとそれは厳密には非減衰固有振動数のことをさします。実際、全ての物体には減衰がありますが、減衰を無視しゼロとして考えたときに相当します。

減衰の値を無視しないときは、減衰固有振動数と呼びます。

非減衰固有振動数、すなわち固有振動数とは図1のように減衰がない状態のときのときの振動の周波数の値です。図1のモデルをバネ-マス系のモデルと呼びます。図1にて質量を手で鉛直下方に引っ張ったり、鉛直上方に押し上げたりしてから手を離すと質量は固有振動数で振動します。

すでに説明しましたダランベールの原理により、この場合のニュートンの運動方程式は

$$M\frac{d^2x}{dt^2} + Kx = 0 \quad ①$$

natural frequency (固有振動数)

になります。

このときの固有振動数 f_n は

$$f_n = \frac{1}{2\pi}\sqrt{\frac{K}{M}} \text{ (Hz)} \quad ②$$

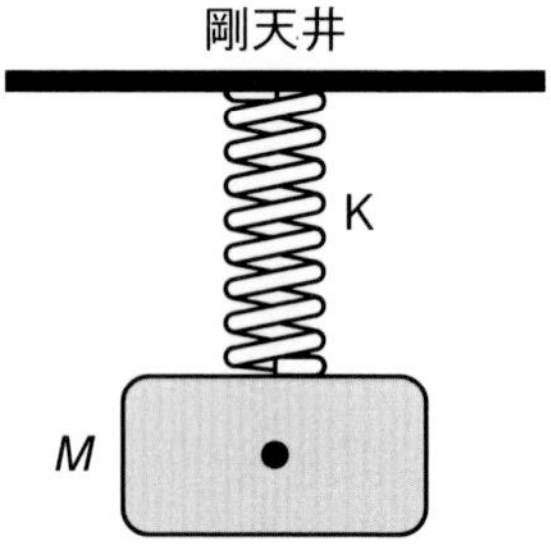

図1 1自由度バネ-マス系

になります。

次に、減衰固有振動数を考えます。図2がこれにあたります。減衰固有振動のニュートンの運動方程式は

$$M\frac{d^2x}{dt^2} + C\frac{dx}{dt} + Kx = 0 \quad ②$$

この場合の減衰固有振動数 f_{dn} は

damped natural frequency (減衰固有振動数)

$$f_{dn} = f_n \sqrt{1-2\zeta^2} \quad ③$$

ただし、ζ：減衰比 $\left(= \dfrac{減衰定数}{臨界減衰定数} = \dfrac{C}{C_c} = \dfrac{C}{2\sqrt{MK}} \right)$

で、ζの目安としては、市販されている商品で0.1〜0.001くらいです。

よって、f_{dn}はf_nより多少低い周波数になります。理論上、f_{dn}がf_nより大きくなることはありません。

なお、
$\zeta > 1$：振動しない
$\zeta = 1$：振動するかしないかの境目
$\zeta < 1$：振動する

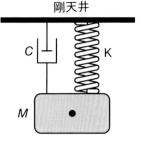

図2　減衰固有振動

このようにζの値によって、振動するかしないかがわかり、大変便利なのでζがよく使用されます。

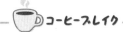

• 非減衰固有振動数、減衰固有振動数、共振振動数

　共振振動数（共振周波数）とは、非減衰固有振動数のことでしょうか？　それとも減衰固有振動数のことでしょうか？　それともこれらとは全く別のものなのでしょうか？

　共振とは、実際の物体に発生している物理現象のことです。実際の物体は減衰の値がゼロということはありませんので、共振振動数とは減衰固有振動数のことをさすと考えてよいでしょう。

1-14　振動モードとは？減衰固有振動数との関係は？

　全ての機械・装置は、減衰を有しています。実際には、減衰が非常に小さい場合もありますが、減衰の値がゼロということはありません。ですので、ここでは非減衰固有振動数ではなくて減衰固有振動数を使用して説明します。

　機械・装置は通常、複数の減衰固有振動数を持っています。

　例えば、外部から減衰固有振動数に一致する周波数の振動が入力されると、その機械・装置は共振します。共振状態では固有の振動の形（振動姿態）で振動します。

　この固有の振動の形を振動モードと呼びます。固有の形なので固有モードとも呼ぶこともあります。単にモードと呼ぶこともあります。

　共振周波数の低いモードから順に、1次モード、2次モード、3次モード、……と呼びます。

● 集中定数系で自由度と固有振動数の総数を考えてみよう！

　ギターや琴の弦は振動しやすいので、これを対象にして振動モードがどうなるのかを考えてみましょう。この弦を図1のようにプリロード（予圧、予荷重）をかけた状態で両端を固定します。モデル化では簡単のために減衰を省略しています。

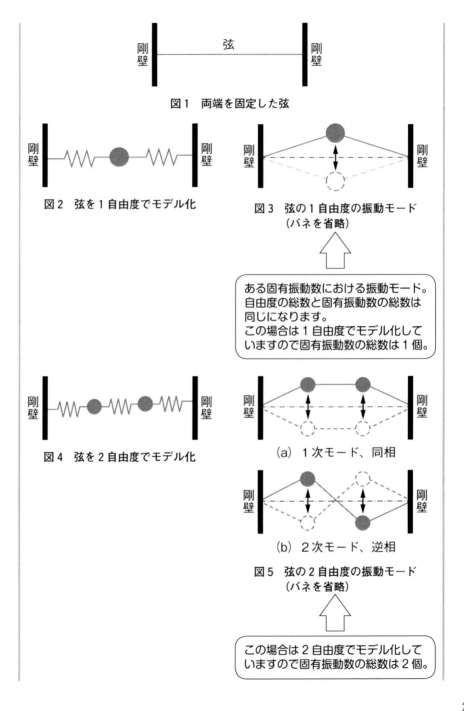

図1　両端を固定した弦

図2　弦を1自由度でモデル化

図3　弦の1自由度の振動モード
　　　（バネを省略）

ある固有振動数における振動モード。自由度の総数と固有振動数の総数は同じになります。
この場合は1自由度でモデル化していますので固有振動数の総数は1個。

図4　弦を2自由度でモデル化

（a）1次モード、同相

（b）2次モード、逆相

図5　弦の2自由度の振動モード
　　　（バネを省略）

この場合は2自由度でモデル化していますので固有振動数の総数は2個。

第 1 部　機械の開発・設計者が振動・騒音技術を理解するために必要になる基礎技術を項目別に解説

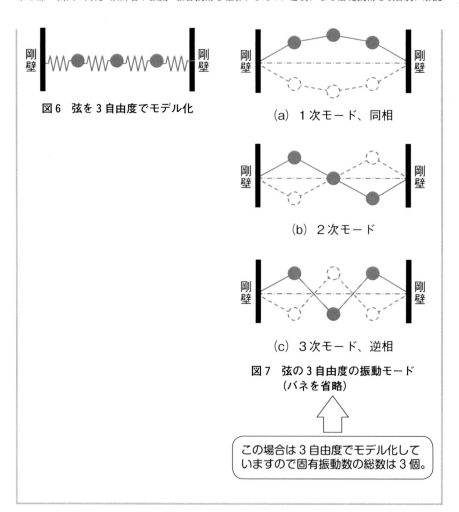

図 6　弦を 3 自由度でモデル化

(a) 1 次モード、同相

(b) 2 次モード

(c) 3 次モード、逆相

図 7　弦の 3 自由度の振動モード
（バネを省略）

この場合は 3 自由度でモデル化していますので固有振動数の総数は 3 個。

1-15　シンプルな形状の物体の固有振動数や振動モードはクラドニ図形やストロボによって知ることができます。

　クラドニ図形は、ドイツの物理学者エルンスト・クラドニの名にちなんだ図形であり、これにより物体の固有振動の節を可視化する方法です。この図形は 1680 年ロバート・フックによって見出された後、1787 年にクラドニの著書に初めて記載された、とのことです

　金属・プラスチック・ガラス・サラダボウルなどにピンと張ったラップなどの平面に、スピーカーなどで振動を与え音程を変えると、共鳴周波数において平面の強く振動する部分と、振動の節となり振動しない部分が生じます。ここへ例えば塩や砂などの粒体を撒くと、振動によって弾き飛ばされた粒体が節へ集まることで、幾何学的な模様を観察することができます。

　波長が短くなる（音が高くなる）ほど表れる幾何学模様の構造も細かいものになります。
　平面に用いる材料が均質でない場合は、それに応じて、表れる幾何学模様も影響を受けます。

1-16 世の中の物体は1自由度系では振動しないのに、振動の技術専門書には線型1自由度系の振動理論が多くのページをさいて解説されているのはなぜでしょうか？

まず自由度です。物体が動ける独立した方向の総数のことを自由度と呼びます。これは英語で Degree of Freedom ですので、DOF と呼ぶこともあります。1自由度は英語で Single Degree of Freedom なので SDOF、多自由度（2自由度以上）は英語で Multi Degree of Freedom なので MDOF と呼ぶこともあります。

例えば、剛体や連続体では、並進が3自由度、並進軸周りの回転が3自由度で合計6自由度ということになります。

これは例えば、プラスチックの弁当箱のフタの短辺を両手で引っ張ると、1つの方向にしか引っ張っていないのに、長辺方向と奥行き方向にも変形します。つまり、1方向にしか引っ張っていないのに、独立した3方向に変位します。繰り返し変位すれば振動そのものになりますので、このことは振動についても言える、ということになります。

その物体が線形の挙動をする場合、多自由度系は1自由度系の線形和で表すことができます。すなわち、線形であれば、多自由度系の振動理論は1自由度系の振動理論で表すことができる、ということになります。

ですから、線形1自由度系の振動理論が理解できれば、線形多自由度系の振動理論もわかるということになります。よって、線形1自由度系の振動理論は大切ということです。そのため、通常の振動の技術専門書では、1自由度系の振動理論について詳しく説明しているわけです。

1-17 力の回転モーメントとはどのようなものでしょうか？回転振動を考える上で重要ですので具体的にイメージしてみましょう。

「力の回転モーメンント」という言葉自体、力を連想させる言葉だと思いますがどうでしょうか？この言葉は物理学や工学の分野でよく使用され単に回転モーメントとかモーメントと呼ばれることもあります。

産業界ではこれを「トルク」と呼んでおり、力と距離の積で表されますので、単位はエネルギーになります。ですから単位は運動エネルギー、ひずみエネルギー、仕事と同じになります。

図1は公園のシーソーです。これを使ってなぜ回転するのか？ということについて考えてみましょう。

図の例1と例2より

$$r_1(m) \times M(kg) < r_2(m) \times M(kg)$$

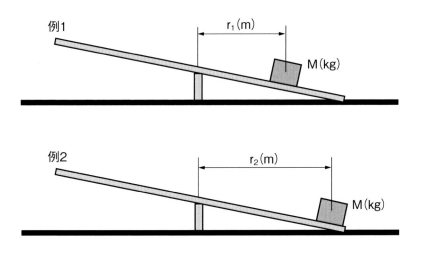

図1　シーソーで回転を考える

回転のしやすさを長さで表すことができそう。

だが、ちょっと待てよ！

この2つの例では質量の大きさが等しいですが、違う場合はどうなるのでしょうか？

双方の場合に使用できるようにするために、回転のしやすさを質量まで含めて

（回転の中心から質量の重心までの距離）×（質量）

で表すと考えたらよいのではないか、ということになり、この量を「**力のモーメント**」と呼び、回転のしやすさを表す量として使用するようになりました。

記号で表すと

$$M = r \times F \qquad ①$$

1-18 直線におけるニュートンの運動方程式から回転における運動方程式を導くことができます。そのやり方は?

簡単のために、1次元の直線方向の運動方程式を考えます。

質量 m に外力 F が作用し、質量 m が加速度 $\dfrac{d^2x}{dt^2}$ で運動している場合の運動方程式は

$$m\frac{d^2x}{dt^2}=F \quad ①$$

であり、ニュートンの運動方程式と呼ばれています。

①式は運動を表すための最もシンプルで基本的な式です。

この式は直線運動を表す運動方程式なのでこのままでは回転運動を表す運動方程式としては使用できません。

よって、①式を工夫して回転運動を表す運動方程式を作ることを考えます。

図2より

$x=r\theta$ ②

ただし、$\theta=\omega t$ (rad)

ω:角速度 (rad/sec)

②式を時間で2回微分すると

$$\frac{d^2x}{dt^2}=r\frac{d^2\theta}{dt^2} \quad ③$$

ただし、$\dfrac{d^2\theta}{dt^2}=\dfrac{d\omega}{dt}$:角加速度 (rad/s²)

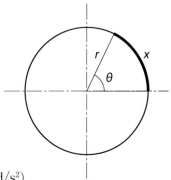

図2 円弧の長さ

③式を①式に代入すると

$$mr\frac{d^2\theta}{dt^2}=F \quad ④$$

④式の両辺に r をかけると

$$mr^2\frac{d^2\theta}{dt^2}=Fr \quad ⑤$$

⑤式の右辺は力の回転モーメントなのでこれを表す記号として M を使用します。

$$mr^2\frac{d^2\theta}{dt^2}=M \quad ⑥$$

ここで

$$mr^2=J(\text{kgm}^2)$$

　　　　ただし、J：慣性モーメント

とおくと、⑥式は

$$J\frac{d^2\theta}{dt^2}=M \quad ⑦$$

⑦式を、回転運動におけるニュートンの運動方程式と呼びます。

ここで①式と⑦式を比較すると、回転運動における慣性モーメントは、直線運動における質量に対応（相当）する量であることがわかります。

ところで、①式にける質量 m は慣性力（運動の第2法則）を表すのに使用されるので、慣性質量とも呼ばれます。

⑦式の J は、この慣性質量 m に対応しているので、慣性モーメント（慣性能率）と呼ばれています。

この慣性モーメントは、モーメントを用いた他の専門用語、例えば、力のモーメント（トルク）や材料力学で学ぶ断面2次モーメントとは全く別のものであるので、混同しないようにしなければなりません。

1-19　回転の勢いと角運動量との関係は？

力の回転モーメントは
$$M = Fr \quad ①$$
でした。

回転の勢いを表すには、力ではなく半径 r で回転運動している質点 m の運動量 $mv\,(=P)$ を使用して、運動量 P と半径 r の積が回転の勢いを表すとします。回転の勢いを表す量を
$$L = r \times mv \quad ②$$
とします。

この L は回転における運動量なので、「角運動量」と呼ばれています。

1-20 直線運動と回転運動、エンジニアとしてどのように考えどのように取り扱えばよいのでしょうか?

表1を使えば直線運動系の式を簡単に回転運動系の式に変換できます。もちろん、この逆もできます。例えば、直線運動系の式がわかっていれば、回転運動系の式を専門書の中で探しまわったりしなくてもよいのです。

それでは実際に、直線運動系の式から回転運動系の式を求めてみましょう。

直線運動におけるフックの法則は、

$F = -kx$ ①

表1の直線運動系と回転運動系の対応関係より

直線運動系		回転運動系
力	⇔	力のモーメント
剛性	⇔	ねじり剛性
変位	⇔	回転角

が成立します。

よって、①式は回転運動系では

$M = -k_T \theta$ ②

直線振動系におけるニュートンの運動方程式は

$$m\frac{d^2x}{dt^2} + c\frac{dx}{dt} + kx = 0 \quad ③$$

先ほどの例と同じ考えかたで③式は表1より回転振動系のニュートンの運動方程式④になります。

$$J\frac{d^2\theta}{dt^2} + c_T\frac{d\theta}{dt} + k_T\theta = 0 \quad ④$$

確認のために記しておきますが、③式における減衰定数 c の単位は [N・s/m]。④式におけるねじり減衰定数 c_T の単位は [N・s・m]。

表1　直線運動系と回転運動系の対応関係

直線系			回転（ねじり）系		
量	記号	単位	量	記号	単位
時間	t	s	時間	t	s
質量	m	kg	慣性モーメント	J	kgm^2
速度	$\dot{x}$	m/s	角速度	$\dot{\theta}$、ω	rad/s
加速度	$\ddot{x}$	m/s^2	角加速度	$\ddot{\theta}$	rad/s^2
外力	F	N(kg m/s^2)	外力のモーメント	M	Nm
運動量	$m\dot{x}$	kg m/s	角運動量	$J\dot{\theta}$	kgm^2/s
ばね定数	k	N/m	ねじりばね定数	k_T	Nm/rad
運動エネルギ $\frac{1}{2}m\dot{x}^2:J$（ジュール）(kgm^2/s^2)			運動エネルギ $\frac{1}{2}J\dot{\theta}^2:J$（ジュール）(kgm^2/s^2)		

1-21 断面2次モーメントと慣性モーメント、どのように違うのでしょうか?

断面2次モーメントは、基本的に材料力学などの静力学にて使用される技術用語ですので、動力学では使用されないというのが基本的な考え方です。

逆に慣性モーメントは動力学にて使用され、静力学では使用されません。

断面2次モーメントをI、慣性モーメントをJで表すと

$$I = \int_A r^2 dA \quad ①$$

　　ただし、r：中立軸からの距離
　　　　　A：断面の面積

$$J = \int_V r^2 dm = \int_V r^2 \rho \, dV = mr^2 \quad ②$$

　　ただし、r：回転軸からの距離
　　　　　V：体積
　　　　　m：質量
　　　　　ρ：密度

①式には質量に関するパラメータが入っていませんので、断面2次モーメントは慣性力に関係せず、断面の形状と寸法のみによって値が決まることがわかります。

②式には質量に関するパラメータが入っていますので、慣性モーメントは慣性力に関係することがわかります。

1-22　回転軸の振れ回りと危険速度

　回転軸やその軸に取り付けられた円盤は、密度の不均一、加工時の誤差などのアンバランス（不釣合い）が原因となって、回転中に遠心力を受け、回転軸の振れ回りを生じます。よって回転体には、このアンバランスによる振れ回りが必ず存在します。

　回転軸の振れ回りは、回転機械の性能や精度の低下あるいは破壊につながることがあるのでとても重要です。

　遠心力を使用した脱水機、タービンシャフト、撹拌機、造粒機、遠心分離機、ポンプ、コンプレッサー、パーツフィーダのなどの設計においてはこのことを考慮しなければなりません。

　ここでは、回転軸の中央に偏心している回転体が取り付けられているときの振れ回りについて解説します。

　図1(a)は長さ l の回転軸の中央に、重心の偏心量が e の円盤が取り付けられ、角速度（角振動数）ω (rad/s) で回転している様子を表しています。

　ここでは簡単のために回転軸の質量は無視します。

　回転円盤の平面図（**図**1(b)）において点Oは両軸受中心を結ぶ線と円盤との交点、すなわち回転の中心、Pは回転軸への円盤の取付け点、Gは円盤の重心である。

　空気抵抗や軸受部分の摩擦による力を比例粘性減衰として近似して、点Pの速度に比例して作用するものとします。

　軸受部分の剛性が回転軸の曲げ剛性に比べて十分大きいものとすれば、x、y方向についてそれぞれ次の式が成立します。

$$m\frac{\mathrm{d}^2}{\mathrm{d}t^2}(u+e\cos\omega t)+c\frac{\mathrm{d}u}{\mathrm{d}t}+ku=0 \quad ①$$

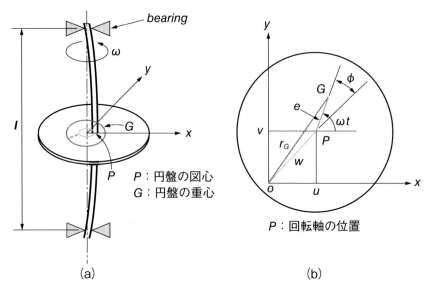

図1 回転軸の振れ回り

$$m\frac{d^2}{dt^2}(v+e\sin\omega t)+c\frac{dv}{dt}+kv=0 \qquad ②$$

ただし、m：円板の質量

c：比例粘性減衰係数

k：回転軸中央におけるばね定数（剛性）

また、円板が点 O を中心として回転しているので、回転に対する運動方程式は③式となる。

$$M-c\omega w^2=J\frac{d^2\theta}{dt^2}=J\frac{d^2(\omega t)}{dt^2} \qquad ③$$

ただし、M：回転軸に外から加えられるモーメント

J：点 O に関する円板の慣性モーメント

$w\omega$：$w=\sqrt{u^2+v^2}$ とおいたときの点 P の周速度

$c\cdot w\omega$：点 P の周速による減衰力

$w\cdot cw\omega$：点 O に関する減衰力のモーメント

軸の回転速度が一定とすると、ω＝ 一定であり、

$$\frac{d^2(\omega t)}{dt^2}=0 \qquad ④$$

となり、③式より

$$M=c\omega w^2 \qquad ⑤$$

⑤式は、外から加えられるモーメントが、この粘性抵抗力のモーメントとつり合いながら、一定回転していることを示しており、①式、②式のいずれにも影響を及ぼしません。

すなわち、一定回転している回転軸の運動は①式、②式のみにより表せます。

①式、②式を整理して次式を得る。

$$m\ddot{u}+c\dot{u}+ku=me\omega^2\cos\omega t \qquad ⑥$$
$$m\ddot{v}+c\dot{v}+kv=me\omega^2\sin\omega t \qquad ⑦$$

⑥式、⑦式の特殊解 u、v はそれぞれ独立して

$$u=\frac{e\left(\dfrac{\omega}{\omega_n}\right)^2}{\sqrt{\left(1-\dfrac{\omega^2}{\omega_n^2}\right)^2+\left(2\zeta\dfrac{\omega^2}{\omega_n^2}\right)^2}}\cos(\omega t-\varphi) \qquad ⑧$$

$$v=\frac{e\left(\dfrac{\omega}{\omega_n}\right)^2}{\sqrt{\left(1-\dfrac{\omega^2}{\omega_n^2}\right)^2+\left(2\zeta\dfrac{\omega^2}{\omega_n^2}\right)^2}}\sin(\omega t-\varphi) \qquad ⑨$$

ただし、$\omega_n=\sqrt{\dfrac{k}{m}}$ $\varphi=\tan^{-1}\dfrac{2\zeta\dfrac{\omega}{\omega_n}}{1-\left(\dfrac{\omega}{\omega_n}\right)^2}$

$\zeta=\dfrac{c}{2\sqrt{mk}}$

1-23 ねじり振動の固有振動数の求め方

簡単のために、軸の慣性モーメントと減衰を無視すると軸に働くせん断応力 τ は

$$\tau = G\gamma = G\frac{r\theta}{l} \quad ①$$

ただし、G：横弾性係数（せん断弾性係数）

軸に働くねじりモーメント T は

$$T = \tau Z_p = \tau \frac{\pi d^3}{16} = G\frac{r\theta}{l}\frac{\pi d^3}{16} \quad ②$$

ただし、Z_p：断面 2 次極モーメント

ねじりばね定数を k_T とすると

$$k_T = \frac{T}{\theta} = \frac{Gr\pi d^3}{16l} \quad ③$$

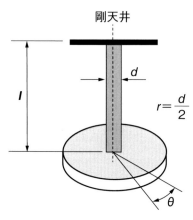

図1 ねじり振動

③式に $r=\dfrac{d}{2}$ を代入して

$$k_T = \frac{G\pi d^4}{32l} \quad ④$$

ところで、円板の慣性モーメントを J とおき軸の減衰を無視すると円板のねじり振動の方程式は

$$J\ddot{\theta} = -k_T\theta \quad ⑤$$

⑤式の両辺を J で割って

$$\ddot{\theta} + \frac{k_T}{J}\theta = 0 \quad ⑥$$

よって、固有角振動数 ω_n は

$$\omega_n = \sqrt{\frac{k_T}{J}} \quad ⑦$$

固有振動数 f_n は

$$f_n = \frac{1}{2\pi}\sqrt{\frac{k_T}{J}} \quad ⑧$$

ところで、④式を⑧式に代入すると

$$f_n = \frac{1}{2\pi}\sqrt{\frac{G\pi d^4}{32Jl}} \quad ⑨$$

1-24 機械や装置などの物体の減衰固有振動数を測定するための理論は?

　一般には、実験による固有振動数の測定と呼んでいますが、厳密には固有振動数（非減衰固有振動数）ではなく減衰固有振動数の測定です。

　周波数応答関数（frequency response function なので頭文字をとって FRF と呼びます）を FFT（高速フーリエ変換器）で測定して、そのゲインとフェーズの測定データから減衰固有振動数の値を求めます。

　基本的に、多点にてまんべんなく物体（機械・装置）の FRF を測定して、市販の実験モード解析ソフトに入力して、このソフトにて減衰固有振動数、振動モード、減衰比を求めてモードアニメーションなどによるビジュアル化などができるので便利ということで、多くの企業にて使用されている方法ですが、減衰固有振動数の測定だけなら、この実験モード解析ソフトを購入しなくてもできます。

　ここでは、実験モード解析ソフトを使用しないで、減衰固有振動数を実験解析により求める方法を解説致します。

　振動のパワースペクトルを測定して、そのピーク周波数を固有振動数であると判断されている方がおられますが、これは理論的には間違ったやりかたです。（運よく合っているということがあるかもしれませんが。）

　理論的に正しい減衰固有振動数の求め方は下記の通りです。

　1自由度線形強制振動を表すニュートンの運動方程式は①式になります。

$$m\frac{d^2 x(t)}{dt^2} + c\frac{dx(t)}{dt} + kx(t) = f(t) \qquad ①$$

　　　　ただし、$f(t)$：強制外力

機械や装置内のモータやエンジンなどによる振動が強制外力になります。

①式をラプラス変換しますと、

$$(Ms^2+Cs+K)X(s)=F(s) \qquad ②$$

$s=j\omega$ を代入すると

$$(-\omega^2 M+j\omega c+K)X(j\omega)=F(j\omega) \qquad ③$$

③式より

$$\frac{出力}{入力}=\frac{X(j\omega)}{F(j\omega)}=\frac{1}{-\omega^2 M+K+j\omega C}=H(j\omega)=H(f) \qquad ④$$

④式の周波数応答関数 $H(j\omega)$ を有理化すると

$$H(j\omega)=\frac{(-\omega^2 M+K)-j\omega C}{\{(-\omega^2 M+K)+j\omega C\}\{(-\omega^2 M+K)-j\omega C\}}$$

$$=\frac{-\omega^2 M+K}{(-\omega^2 M+K)^2+(\omega C)^2}+j\frac{-\omega C}{(-\omega^2 M+K)^2+(\omega C)^2} \qquad ⑤$$

周波数応答関数 $H(j\omega)$ の絶対値を振動の分野ではゲインと呼びます。

ゲインは

$$|H(j\omega)|=\sqrt{\left\{\frac{-\omega^2 M+K}{(-\omega^2 M+K)^2+(\omega C)^2}\right\}^2+\left\{\frac{-\omega C}{(-\omega^2 M+K)^2+(\omega C)^2}\right\}^2}$$

$$=\sqrt{\frac{1}{(-\omega^2 M+K)^2+(\omega C)^2}}$$

$$=\sqrt{\frac{1}{\omega^4 M^2-2\omega^2 MK+K^2+\omega^2 C^2}}$$

$$=\frac{1}{M}\frac{1}{\sqrt{\omega^4-2\omega^2\dfrac{K}{M}+\left(\dfrac{K}{M}\right)^2+\dfrac{\omega^2 C^2}{M^2}}}$$

$$=\frac{1}{M}\frac{1}{\sqrt{\omega^4-2\omega^2\omega_n^2+\omega_n^4+\omega^2\cdot\zeta^2\cdot 4\dfrac{K}{M}}}$$

$$= \frac{1}{M} \frac{1}{\sqrt{(\omega^2 - \omega_n^2)^2 + 4 \cdot \zeta^2 \cdot \omega^2 \cdot \omega_n^2}} \quad ⑥$$

ただし、ζ：減衰比、$\zeta = \dfrac{C}{Cc} = \dfrac{C}{2\sqrt{MK}}$

Cc：臨界減衰定数

また、周波数応答関数のゲインは下記のように表すこともできます。

$$|H(j\omega)| = \frac{1}{K} \frac{1}{\sqrt{\omega^4 \dfrac{M^2}{K^2} - \dfrac{2\omega^2 M}{K} + 1 + \dfrac{\omega^2 C^2}{K^2}}}$$

$$= \frac{1}{K} \frac{1}{\sqrt{\dfrac{\omega^4}{\omega_n^4} - 2\dfrac{\omega^2}{\omega_n^2} + 1 + \dfrac{\omega^2 C^2}{K^2}}}$$

$$= \frac{1}{K} \frac{1}{\sqrt{\left(\dfrac{\omega^2}{\omega_n^2} - 1\right)^2 + 4\dfrac{\omega^2}{\omega_n^2}\zeta^2}} \quad ⑦$$

ここで、⑦式を ω で偏微分します。

$$\frac{\partial}{\partial \omega}|H(j\omega)|$$

$$= \frac{1}{K}\left(-\frac{1}{2}\right)\left\{\left(1 - \frac{\omega^2}{\omega_n^2}\right)^2 + 4\frac{\omega^2}{\omega_n^2}\zeta^2\right\}^{-\frac{3}{2}}\left\{2\left(1 - \frac{\omega^2}{\omega_n^2}\right)\left(-2\omega\frac{1}{\omega_n^2}\right) + 8\frac{\zeta^2 \omega}{\omega_n^2}\right\} \quad ⑧$$

ここで、

$$\frac{\partial}{\partial \omega}|H(j\omega)| = 0 \text{ とおくと}$$

$$2\left(1 - \frac{\omega^2}{\omega_n^2}\right)\left(-2\omega\frac{1}{\omega_n^2}\right) + 8\frac{\zeta^2 \omega}{\omega_n^2} = 0 \quad ⑨$$

⑨式を整理します。この場合は ω は ω_{dn} になりますので

$$\omega_{dn} = \omega_n \sqrt{1 - 2\zeta^2} \quad ⑩$$

となり、このとき最大値

$$|H(j\omega)| = \frac{1}{2K\zeta\sqrt{1-\zeta^2}} \quad ⑪$$

をとります。

　すなわち、減衰がある場合は、ω_nではなくω_nよりも小さい⑩式のω_{dn}で周波数応答関数のゲインは最大値をとります。

　次に、周波数応答関数のフェーズは

$$\angle H(j\omega) = \tan^{-1}\frac{-\omega C}{-\omega^2 M + K}$$

$$= \tan^{-1}\frac{-2\zeta\omega_n\omega}{\omega_n^2 - \omega^2} \quad ⑫$$

　⑦式と⑫式をもとにわかりやすく図示すると**図1**のようになります。

　実際のインパルスハンマによる衝撃力は、**図2**のようになります。衝撃性が強ければ強いほど、図2の水平方向の直線部分が長くなります。インパルスハンマに使用しているチップの先端部品の材質に最適なものを選定していなかったり、2度打ちなどをしていると、パワースペクトルがこのような形状にならなくなります。そのような状態での測定データは技術的に信頼できないと考え仕事には使用できないと考えたほうがよいでしょう。

　これは1例ですが、測定器が同じなら誰が測定しても同じデータが取得できるとか、技術的に信頼できるデータが取得できるということにはなりません。測定データの技術的な信頼度は、測定者の技術能力に依存してしまうのです。

　測定時は直前に事前準備の一環としてインパルスハンマによる衝撃力のパワースペクトルの形状をチェックするとよいでしょう。FFTでは測定する上限周波数は測定者が決定しFFTに入力しなければならないので、

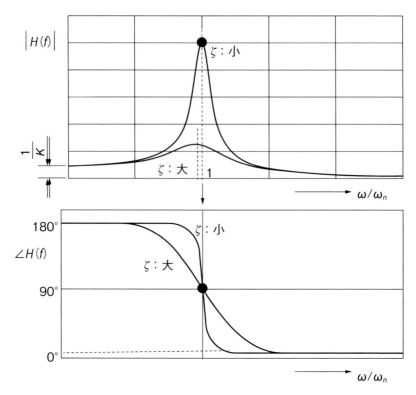

図1　周波数応答関数のゲインとフェーズ

この事前準備作業は必須ということになります。

　インパルスハンマの先端に使用するチップ選定のための基本的な考え方は、測定対象が硬い場合は硬い先端チップを、やわらかい場合はやわらかい先端チップを選択するということになります。

　また、FFT使用時は、どのようなデータを測定する場合も測定者が窓関数（時間窓、タイム・ウィンドウ）を選択しなくてはなりません。測定する信号に適した窓関数を使用しないと技術的に正しいデータが取得できませんので、この点にも注意すべきです。

　窓関数選択のための一般的な考え方は下記の通りです。

　① 連続的は信号の場合は、ハニング・ウィンドウを使用する。

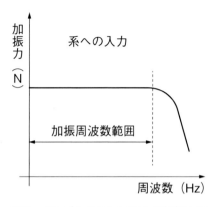
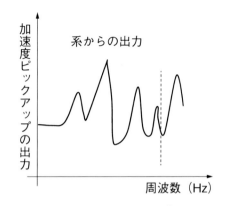

図2　インパルスハンマによる加振力の　　図3　振動加速度ピックアップの出力の
　　　パワースペクトル　　　　　　　　　　　　パワースペクトル

② 間欠的な信号や衝撃信号など、連続的な信号でない場合はイクスポーネンシャル・ウィンドウ（指数関数窓）やフォース・ウィンドウを使用する。
③ 騒音計の校正信号（キャリブレーション信号）には、フラットトップ・ウィンドウを使用すると、ハニング・ウィンドウを使用したときと比較して、レベル確度が多少ですが向上します。

　理論的には図1になりますが、実際は、筆者の経験では、技術的に正しく周波数応答関数が測定できていれば、ゲインのピーク周波数にてフェーズが85°〜95°に入ります。このようにならないときは、コヒーレンス関数のデータなども検討してみましょう。
　また、測定の際は、それがどのような測定でも、S/N比を最大限向上させるよう考え工夫するということも大切です。
　さらに、再現性のないデータしか測定できない場合は、測定対象の形状、材質、特性をよく検討することにより測定点を定めれば、再現性があるデータまたはある程度再現性を確保したデータを取得できる場合がりますので、すぐにあきらめずに十分に検討することが大切です。

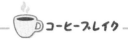

● フーリエスペクトルとパワースペクトルの違いは? そして周波数応答関数

　FFT(高速フーリエ変換器)での周波数分析について記します。通常、周波数分析したデータというと、パワースペクトルのことを言います。

　時間領域のデータを1回フーリエ変換すると、フーリエスペクトルが得られます。このフーリエスペクトルは通常、複素数です。ですからゲインとフェーズをもちます。このフーリエスペクトルにこのフーリエスペクトルの複素共役をかけたものをパワースペクトルと呼びます。

　よって、パワースペクトルは実数になります。つまり、フーリエスペクトルよりパワースペクトルのほうがずっと扱いやすいということになります。しかし、このままでは振動や騒音の値が2乗になっているので、通常、市販のFFTではこれをルート(1/2乗)した値をパワースペクトルの縦軸に使用して表示しています。

　FFTで振動のパワースペクトルを実測して、そのピーク・ディップをみてピークの周波数が減衰固有振動数であると考えておられるかたがいますが、これは間違った判断のしかたです。減衰固有振動数をFFTで実測するには、入力点でインパルスハンマや加振器を使用して被測定対象を振動させ、出力点に加速度ピックアップを取付けてFFTで周波数領域で出力/入力という分数を表示させます。この分数は周波数応答関数(FRF)と呼ばれています。この周波数応答関数を測定することにより、減衰固有振動数、振動モード、減衰比を求めます。

　加振器を使用して周波数応答関数を測定する場合は、加振器と被

加振体の間に加振棒を使用して加振するのが通常行われる方法です。

　加振棒をしないで被加振体を加振器に直接固定する、または固定時具を使用して固定する方法では、加振器や治具の特性が混入してしまい、測定対象の正確な減衰固有振動数を測定することはできません。このようなタイプの加振器は減衰固有振動数の測定用ではなくて振動による耐久試験用などと考えるべきでしょう。

　市販されている実験モード解析（実験モーダル解析とか振動モード解析などとも呼ばれています）のソフトは減衰固有振動数、振動モード、減衰比を求めるためのソフトで、多点で計測した多くのFRFを入力に使用します。このソフトには安価なものから高価なものまでいろいろあります。すでに説明しましたように、このソフトを購入しなくても2chのFFTがあればFRFを測定できるので、減衰固有振動数を測定することができます。

　フーリエスペクトルを数式で表すと

$$\int_{-\infty}^{\infty} f(t) \cdot e^{-j\omega t} \mathrm{d}t = Z = a + jb = \begin{cases} ① \ |Z| = \sqrt{a^2 + b^2} \\ \qquad + \\ ② \ \angle Z = \tan^{-1} \dfrac{b}{a} \end{cases}$$

になります。Zは複素数を表します。

　パワースペクトルの大きさを数式で表すと
$$\sqrt{|Z|^2} = \sqrt{Z \cdot Z^*} = \sqrt{(a+jb)(a-jb)} = |Z| : 実数$$
になります。

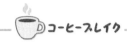

・FFT（高速フーリエ変換器）の使用に際して、操作者が自分で決めなければならないこと

　FFT は、技術的に正しく使いこなすのが難しい測定器です。技術的に正しく操作しないと間違った分析結果が得られてしまうことが少なくありません。操作者が技術的に正しく操作しなくてはならないポイントを列記すると下記のようになります。これは FFT を技術的に正しく使いこなすためのポイントを整理したものと言うことができます。FFT にはオートシーケンス機能（一連のキー操作の順番を記憶しこれを繰りかえす）などのような便利な機能がありますが、技術内容をよく理解した上で使用しないと、大間違いをしでかすということになりかねないので注意すべきです。

① 　入力感度の設定
② 　測定中にオーバーロード状態になったデータは、捨てて再測定する。
　　測定中はずっと見てないと、オーバーロードがあったかなかったかわからないので、測定中は測定状況全体を監視しながら、オーバーロードの常時監視を行う。
③ 　使用する振動加速度ピックアップやインパルスハンマで叩いたときのパワースペクトルのデータなどを確認して測定上限周波数を決める。
④ 　適切な時間窓（タイム・ウィンドウ）を選定する。
⑤ 　分析ライン数の設定（デフォルトの状態でよいのか？）
⑥ 　周波数分解能（＝上限測定周波数÷分析ライン数）の確認、必要であれば再設定を行う）

⑦ アベレージング回数（平均化処理回数）の決定と設定
⑧ 加速度加速度ピックアップは、仕様上1Hzから測定できるとなっていても、FFTの時間窓長により影響されるので注意が必要です。

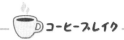コーヒーブレイク

・各種の周波数応答関数の呼び方

周波数応答関数には3種類あります。また、各々の逆数にも名前がつけられています。これらを整理したものが**表1**です

表1　各種応答関数の呼び方

	変位/力	速度/力	加速度/力
周波数応答関数の呼び方	コンプライアンス	モビリティ	イナータンスまたはアクセレランス
周波数応答関数の逆数の呼び方	ダイナミックスティフネスまたは動剛性	メカニカルインピーダンスまたは機械インピーダンス	ダイナミックマスまたは動質量

FFT でイナータンス → モビリティ → コンプライアンスへの変換における積分特性

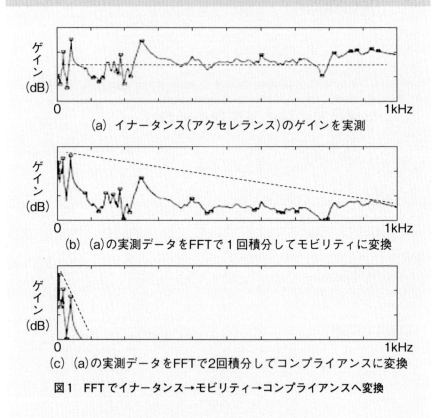

(a) イナータンス（アクセレランス）のゲインを実測

(b) (a)の実測データをFFTで1回積分してモビリティに変換

(c) (a)の実測データをFFTで2回積分してコンプライアンスに変換

図1　FFTでイナータンス→モビリティ→コンプライアンスへ変換

(a)図～(b)図にて点線で描いた合計3本の直線はデータ全体の傾向を表したもので参考として記したものです。

図1について説明します。

(a)図は、振動加速度ピックアップを使用してFFTで実測したイナータンスのゲインです。測定上限周波数を1 kHzに設定したときのデータです。このデータを見ると、低い周波数から1 kHzまでピーク

ディップはありますが、データがだいたい見やすい感じになっています。

　この様子を表しているのが点線の直線です。この直線は測定データに追記したものです。この直線の傾きがフラット（水平）なのが、低い周波数から 1 kHz までデータが見やすいということを表しています。(b)図は(a)の実測データを FFT で 1 回積分したモビリティのデータです。積分すると(b)図のように低域のデータが強調されて大きくなり、反対に高域のデータは減衰されて小さくなります。これは積分特性によります。

　(c)図は(b)図をさらにもう 1 回積分したコンプライアンスのデータで一段と低域のデータが強調され、中・高域のデータがかなり減衰しています。このデータの表示の領域では消えてしまって見えなくなっているデータがかなりあることがわかります。この(c)図にて注意しなくてはならない点は下記の通りです。

① 振動加速度ピックアップで測定したイナータンスのデータで、低域のデータの大きさがかなり小さく電気ノイズに見えるようなデータでも、2 回積分してコンプライアンスにすると低域のデータがかなり強調されて大きくなるので、何か問題があって生じているデータのように見えてしまいます。本当に問題にしなくてはならない成分なのか、実はノイズなのか見極めないといけません。このようなことがあるので、実務ではイナータンスを 2 回積分するということは行わないのが普通（暗黙の了解事項）です。

② (c)図では表示枠に表示されてなく見えないデータのことも含めると測定系全体のダイナミックレンジがかなり大きくなければ技術的に正しいデータが測定できない、ということになります。現在は電子技術のレベルがかなり高度になっており、測定系のダイ

ナミックレンジを大きく取れるようになってきていますが、それでもダイナミックレンジ不足になることがあるので注意しなくてはなりません。

ダイナミクレンジが不足していることに気がつかず測定してしまったデータは、技術的に正しいデータではありませんので使用しないようにしましょう。

いろいろ説明しましたが、基本的に振動加速度データを2回積分したデータは使用しないほうがよいでしょう。これは上記のようにFFTを使用した測定だけではありません。振動のオールパス値を表示する測定器として振動計がありますが、振動計による測定にも言えることです。

振動変位データがほしいときは、振動加速度データを2回積分しないで直接、変位を測定できる渦電流タイプなどの変位センサを使用するのがよいでしょう。

もう少し詳しく！
実際の周波数応答関数（イナータンス）の測定データから共振周波数であるかないかを検証してみよう！

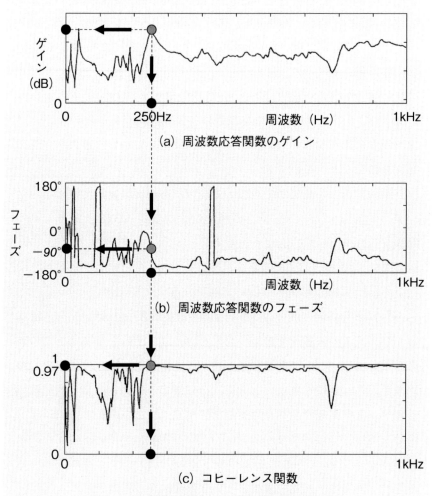

図1 周波数応答関数からの共振周波数の求め方

図1について説明します。

(a)図の周波数応答関数のゲインにて、例としてピーク周波数に1

つに丸印をつけました。図からピーク周波数は 250 Hz とします。この実測データ上でこの周波数が共振周波数かどうかを確かめてみます。他のピーク周波数においても同じやりかたで共振周波数（共振振動数）かどうかを確かめられますので後でやってみて下さい。

次に(b)図のフェーズ（位相）より、250 Hz では位相が $-90°$ になっているので、250 Hz は共振周波数になっていることが技術的に確認できます。

このように、ゲインのピーク周波数のフェーズの値が 90°または$-90°$になっていれば、その周波数は共振周波数であるということは技術理論により明らかです。この共振周波数のことを、通常便宜的に、固有振動数と呼んでいます。

技術的に正しい測定ができている場合、共振周波数の位相はだいたい 85°〜95°か $-85°$〜$-95°$ の間に入っています。（あくまで、私の経験からの知見ですので参考値です。）

最後に(c)図は、この周波数応答関数に対するコヒーレンス関数です。図より、250 Hz でのコヒーレンス関数の値は 0.97 です。

これによりこの 250 Hz における周波数応答関数の測定データはほとんどノイズの影響を受けていないということがわかります。私の場合はこのコヒーレンス関数の値が約 0.7 より小さい場合は、測定した周波数応答は信頼できないと考え、その測定データを破棄し、信頼できるデータが測定できるまで測定を行うようにしています。

ところで、この「コヒーレンス」という言葉、どういう意味なのでしょうか？ これは英語で、スペルは *coherence* です。これを辞書でみると「一貫性、一致、調和」という意味になっています。

これは出力が入力にだけ依存して（一貫して）発生しているかどうかを確認（チェック）するということであると考えてよいでしょう。

- **測定時に過負荷インジケータ（オーバーロードインジケータ）を常に監視していますか？**

　通常、計測用の測定器には過負荷インジケータが装備されているのが普通です。テスターやノギスのように簡単な測定器で過負荷の心配が無い測定器には関係がありません。

　過負荷になると測定器の線形な範囲（リニアリティ）内での測定ができていないので、このような状況で取得したデータは破棄し再測定すべきということになります。

　測定中に過負荷インジケータを常にチェックしていないかたがおられますが、これはダメですね。測定・分析結果に基づいて振動や騒音問題を解決するかたは、測定デーに基づいて今後何をすべきかを検討するので、測定データが間違っていれば、正しい検討そして判断ができるわけがありません。

　これは一例ですが、技術的に正しく信頼できるデータを取得するにはハードルがいくつも存在し、実はかなり大変なことなのです。

1-25 多自由度（2自由度以上）の線形減衰振動のニュートンの運動方程式の作成のしかたとそれらの行列表示のしかた

ここでは例として、線型2自由度減衰振動を表す**図1**からニュートンの運動方程式を作成する方法について記します。線型2自由度より多い自由度であっても作成のしかたは同じです。

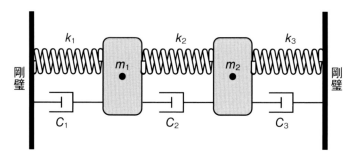

図1　線形2自由度減衰振動

m_1の動きに着目して、ニュートンの運動方程式を作ります。

$$m_1\frac{d^2x_1}{dt^2}+c_1\frac{dx_1}{dt}+c_2\left(\frac{dx_1}{dt}-\frac{dx_2}{dt}\right)+k_1x_1+k_2(x_1-x_2)=0 \quad ①$$

m_2の動きに着目して、ニュートンの運動方程式を作ります。

$$m_2\frac{d^2x_2}{dt^2}+c_2\left(\frac{dx_2}{dt}-\frac{dx_1}{dt}\right)+c_3\frac{dx_2}{dt}+k_2(x_2-x_1)+k_3x_2=0 \quad ②$$

まず、m_1の動きに着目ししたニュートンの運動方程式の作り方を解説します。

m_1の右下の添え字が1なので、ここでは1に着目します。

右下の添え字に2もあるので1と2の間の相対速度や相対変位をもとめるときはここでは1に着目するので1から2を引算します。

すると、質量 m_1 に着目したニュートンの運動方程式は①式になります。

$$m_1\frac{\mathrm{d}^2 x_1}{\mathrm{d}t^2}+c_1\frac{\mathrm{d}x_1}{\mathrm{d}t}+c_2\left(\frac{\mathrm{d}x_1}{\mathrm{d}t}-\frac{\mathrm{d}x_2}{\mathrm{d}t}\right)+k_1 x_1+k_2(x_1-x_2)=0 \quad ①$$

次に m_2 の動きに着目ししたニュートンの運動方程式の作り方を解説します。

今度は、m_2 の右下の添え字が2なので、2に着目します。

同様にして、質量 m_2 に着目したニュートンの運動方程式は②式になります。

$$m_2\frac{\mathrm{d}^2 x_2}{\mathrm{d}t^2}+c_2\left(\frac{\mathrm{d}x_2}{\mathrm{d}t}-\frac{\mathrm{d}x_1}{\mathrm{d}t}\right)+c_3\frac{\mathrm{d}x_2}{\mathrm{d}t}+k_2(x_2-x_1)+k_3 x_2=0 \quad ②$$

①式、②式を整理して微分の表示方法をライプニッツの方法からニュートンの方法に変更すると

$$m_1\ddot{x}_1+(c_1+c_2)\dot{x}_1-c_2\dot{x}_2+(k_1+k_2)x_1-k_2 x_2=0 \quad ③$$

$$m_2\ddot{x}_2-c_2\dot{x}_1+(c_2+c_3)\dot{x}_2-k_2 x_1+(k_2+k_3)x_2=0 \quad ④$$

③式、④式は連立2階微分方程式です。これをマトリックス表示すると

$$\begin{bmatrix}m_1 & 0\\ 0 & m_2\end{bmatrix}\begin{Bmatrix}\ddot{x}_1\\ \ddot{x}_2\end{Bmatrix}+\begin{bmatrix}c_1+c_2 & -c_2\\ -c_2 & c_2+c_3\end{bmatrix}\begin{Bmatrix}\dot{x}_1\\ \dot{x}_2\end{Bmatrix}+\begin{bmatrix}k_1+k_2 & -k_2\\ -k_2 & k_2+k_3\end{bmatrix}\begin{Bmatrix}x_1\\ x_2\end{Bmatrix}=\begin{Bmatrix}0\\ 0\end{Bmatrix} \quad ⑤$$

ただし、

$\begin{bmatrix}m_1 & 0\\ 0 & m_2\end{bmatrix}$：質量マトリックス：対角マトリックス

$\begin{bmatrix}c_1+c_2 & -c_2\\ -c_2 & c_2+c_3\end{bmatrix}$：減衰マトリックス：対称マトリックス

$\begin{bmatrix}k_1+k_2 & -k_2\\ -k_2 & k_2+k_3\end{bmatrix}$：剛性マトリックス：対称マトリックス

当然のことですが、⑤式を展開すると③、④式になります。

1-26　振動加速度ピックアップの接触共振周波数とは？

　振動加速度ピックアップのことを加速度計と呼んでいるメーカーもあります。振動加速度ピックアップの中には圧電素子が入っており、加わった力に比例した電荷を発生します。

　振動加速度ピックアップは通常、1軸または3軸のタイプが使用されます。だいぶ前から外部の前置増幅器（プリアンプ）が不要な定電流駆動タイプの振動加速度センサが使用されています。ここでは簡単化のために、対象を1軸のセンサにして説明しますが、3軸の場合も考え方は同じです。

　図2より、振動加速度ピックアップの質量と瞬間接着材でM、C、Kの1自由度の振動系を構成していることがわかります。自由度の総数と固有振動数の総数は一致しますので、この場合は1個の固有振動数があること

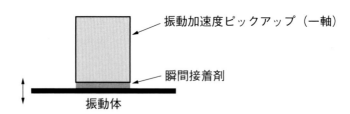

図1　瞬間接着剤で振動体に取付けた振動加速度ピックアップ

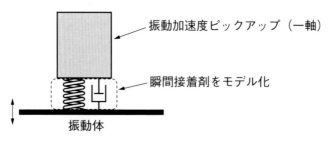

図2　瞬間接着剤をモデル化（瞬間接着剤の質量は無視）

がわかります。この固有振動数は測定対象から発生しているのではなく、あくまで、振動加速度ピックアップを振動体に接触固定することにより発生していますので、この固有振動数を接触共振周波数と呼んでいます。

問題は、測定上限周波数の値をいくつに設定するかにもよりますが、この接触共振周波数の影響が測定データの中に混在してくることがありえるということです。

測定の準備段階で、測定データの中に接触共振周波数の影響が入り込まないことを確認してから測定すべきです。

ここでは、瞬間接着材による固定方法を取り上げましたが、他にも下記のような固定方法があり、各固定方法により接触共振周波数の値が異なります。

① ねじによる固定
② 両面テープによる固定
③ 電気的絶縁材(雲母)を使用した固定

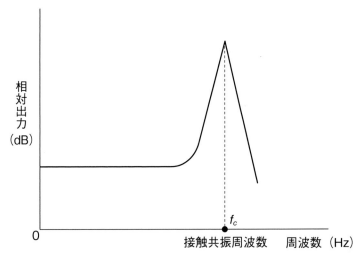

図3　接触共振周波数のイメージ

④ マグネットを使用した固定
⑤ 棒状タッチセンサを押し付ける方法

　目安として、重さ約 25 g の振動加速度センサを瞬間接着剤で固定した場合の接触共振周波数は約 25 kHz～30 kHz です。

　FFT を使用する場合、接触共振周波数を考慮した測定可能周波数帯域の目安としては、接触共振周波数を f_c (Hz) とし、測定可能上限周波数を f_u (Hz) とすると、実際の実務では

$$約 4 < f_u < \frac{1}{4} f_c$$

くらいです。振動加速度ピックアップ自体は 1 Hz 未満から測定できるものもありますが、FFT を含めた測定系全体では、上記の不等式のように約 4（Hz）くらいから測定できる（測定データが取得できる）と考えるのが無難でしょう。

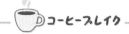
コーヒーブレイク

・振動加速度ピックアップの選定では重量が重要、MEMS による振動センサとは？

　「振動加速度ピックアップでは重量が重要」ということが言われています。なぜだかわかりますか？
　基本的に振動加速度ピックアップといいますと、圧電素子を使用したものを指します。
　この振動加速度ピックアップには、だいたい 0.2 g くらの軽量なものから重いものまでいろいろな種類のものがあります。重くなれば重くなるほど振動体に対し重りの役割をしてしまい、本来の正し

い振動を測定できなくなってしまいます。逆に軽くなればなるほど、センサ内の圧電素子の量が少なくなってしまいます。圧電素子の量が少なくなってしまうと、センサとしての感度が低下してしまいます。これも問題です。よって、測定対象の振動に対して適切な重量のセンサを選定することが重要です。参考として記しますと、筆者の場合は機械や装置の振動を測定・分析することが多いのでだいたい 20〜25 g くらいの重さの振動加速度ピックアップを使用することが多いです。

　MEMS（メムス）による振動加速度センサは上記の圧電素子タイプと比較すると、価格が圧倒的に安いので、使いたがるかたも多いのですが、感度がかなり低いので、大きな振動の特徴量を捉えるくらいの測定なら使用できると考えますが、振動を正確に測定することには不向きだと考えます。

　定価ベースで大雑把に考えますと、この書籍の出版時点で 1 軸の振動加速度ピックアップの価格は日本国内のメーカで約 4〜5 万円、メムスタイプのもので約千円またはそれ以下くらいといったところでしょうか。

1-27 要注意！ 振動加速度ピックアップのケーブルの取り扱いノウハウ

　振動加速度ピックアップのケーブルには通常、ローノイズケーブルと呼ばれるケーブルが使用されています。ローノイズケーブルは、1mあたり5千円くらいと高価です。

　このケーブルには取り扱い上の技術ノウハウがいろいろあります。ここではその主なものを記します。

① このケーブルを踏んではいけません。踏んでしまうとケーブル内の容量リアクタンスが変化します。被覆と芯線の間に空気層ができてしまうからです。これは電気的にはコンデンサができてしまうということになります。踏んだことによりその部分がこのように変形し永久変形（塑性変形）してしまうと、この部分がコンデンサ化されることにより、信号の周波数成分が低いほど容量リアクタンスが大きくなり、この部分を通過しにくくなります。ケーブルがこうなると、正確な測定ができなくなってしまいます。

② 測定中にローノイズケーブルが揺れると測定値に電気ノイズが含まれてしまいます。
　よって、多少余裕を持たせてテープなどで固定すると電気ノイズが抑制されます。

③ 測定中、振動加速度ピックアップにカッティングオイルなどの液体がかかると振動加速度ピクアップ本体とローノイズケーブルのコネクタ間にこの液体が侵入し、電気信号が漏れてしまうことがあります。これを防ぐために、工作用の粘土などでこのコネクタ周囲を包み液体が

浸入してこないようにするとよいでしょう。

④ 振動加速度ピックアップ本体を振動体に取付けることにより振動加速度ピックアップがアースされてしまうことがあります。振動加速度ピックアップを接続する測定器本体がアースされており、この２つのアース間に電位差があると電流が流れてしまい、振動の測定値にこれが誤差として混入してしまいます。グランド（アース）がループになるので、これを「グランドループ」と呼びます。

グランドループが発生している場合は、絶縁の目的で振動加速度ピックアップの底面に雲母板を取付けたりします。雲母板は振動加速度ピックアップメーカーにより振動加速度ピックアップのオプションとして販売されています。

1-28 有限要素法などで使われている「場の支配方程式」とはどのようなものですか？
場の支配方程式の例として音の波動方程式を詳しく考えてみましょう！

　場とは英語では field であり、応力場、振動場、音場、流体場、音場、電場、磁場などというふうに使用されます。場とはわかりやすく実務的に表現すると、そのエネルギが存在する場所（空間）と考えてよいでしょう。
　振動場とは振動エネルギーが存在するする場所、音場とは音のエネルギが存在する場所、ということになります。

　我々が住んでいる3次元空間における上記の各場の物理現象を数式で表す場合、偏微分方程式が使用されます。この偏微分方程式のことを「場の支配方程式」と呼んでいます。
　場の支配方程式の例として、音波の波動方程式はどのようなものか考えてみましょう。
　音波の波動方程式には2種類あります。一つはダランベールの波動方程式、もう一つはヘルムホルツの波動方程式です。

非定常の波動方程式から定常の波動方程式を導出

　音場での音の状態を知るためには、音圧だけでなく粒子速度が必要になります。
　よって、下記のように音圧についての波動方程式と粒子速度についての波動方程式の両方を求めて解かなくてはなりません。
　3次元での音圧についての波動方程式は

$$\frac{\partial^2 p}{\partial x^2}+\frac{\partial^2 p}{\partial y^2}+\frac{\partial^2 p}{\partial z^2}=\frac{1}{c^2}\frac{\partial^2 p}{\partial t^2} \quad ①$$

粒子速度についての波動方程式は、速度 $\boldsymbol{v}=(v_x, v_y, v_z)$ とすると

$$\frac{\partial^2 \boldsymbol{v}}{\partial x^2}+\frac{\partial^2 \boldsymbol{v}}{\partial y^2}+\frac{\partial^2 \boldsymbol{v}}{\partial z^2}=\frac{1}{c^2}\frac{\partial^2 \boldsymbol{v}}{\partial t^2} \quad ②$$

ここで、粒子速度 $\boldsymbol{v}$ があるパラメータ ϕ の負の勾配として与えられるとすると

$$\boldsymbol{v}=-\nabla\phi \quad ③$$

ただし、$\nabla = \dfrac{\partial}{\partial x}\boldsymbol{i}+\dfrac{\partial}{\partial y}\boldsymbol{j}+\dfrac{\partial}{\partial z}\boldsymbol{k} = \left\{\begin{array}{c}\dfrac{\partial}{\partial x}\\[4pt]\dfrac{\partial}{\partial y}\\[4pt]\dfrac{\partial}{\partial z}\end{array}\right\}$

のように書き表されるとき、このような新しいパラメータ ϕ のことを速度ポテンシャルと呼びます。

ところで、単位体積あたりに働く力により④式が得られます。

$$\rho\frac{\partial \boldsymbol{v}}{\partial t}=-\nabla p \quad ④$$

③式を④式に代入して

$$\rho\frac{\partial}{\partial t}\nabla\phi = \nabla p \quad ⑤$$

$$\rho\frac{\partial}{\partial t}\phi + p_0 = p \quad ⑥$$

ただし、p_0：積分定数

⑥式からわかるように音圧 p も速度ポテンシャル ϕ を用いて表すことができています。

⑥式にて速度ポテンシャル ϕ がゼロのときは、音波がなく $p=0$ に

なるので、積分定数 p_0 はゼロでなくてはなりません。

したがって、この場合は音圧は速度ポテンシャルを使用して

$$p = \rho \frac{\partial}{\partial t} \phi \quad ⑦$$

と表されます。

ここで整理すると、③式と⑦式より粒子速度と音圧は速度ポテンシャルを使用して

$$\left. \begin{array}{l} v = -\nabla \phi \\ p = \rho \dfrac{\partial}{\partial t} \phi \end{array} \right\} \quad ⑧$$

と表すことができます。そこで速度ポテンシャルを使用すると波動方程式は下記の式一つで表され便利です。

$$\frac{\partial^2 \phi}{\partial t^2} = c^2 \left(\frac{\partial^2 \phi}{\partial x^2} + \frac{\partial^2 \phi}{\partial y^2} + \frac{\partial^2 \phi}{\partial z^2} \right) \quad ⑨$$

⑨式はダランベールの波動方程式と呼ばれており、非定常な音波を取り扱うことができます。ところで

$$\phi = f(x, y, z, t) \quad ⑩$$

です。⑩式の空間項と時間項を別々に表現して⑪式のように表すことができます。

$$\phi = f(x, y, z) \cdot e^{j\omega t} \quad ⑪$$

⑪式を⑨式に代入すると波動方程式から時間項がなくなり

$$\frac{\partial^2 \phi}{\partial x^2} + \frac{\partial^2 \phi}{\partial y^2} + \frac{\partial^2 \phi}{\partial z^2} + \kappa^2 \phi = 0 \quad ⑫$$

ただし、κ：波数（$\kappa = \omega/c = 2\pi/\lambda$、$\lambda$：波長）

となります。

κ は 2π の間に波長 λ がいくつ入っているかを表しますので、波数と呼ばれます。⑫式はヘルムホルツの波動方程式と呼ばれており、定

常状態を取り扱うときはこの式を使用します。

　ここで、ラプラシアン Δ を使用するとダランベールの波動方程式は

$$\Delta\phi - \frac{1}{c^2}\frac{\partial^2 \phi}{\partial t^2} = 0 \quad ⑬$$

ヘルムホルツの波動方程式は

$$\Delta\phi + \kappa\phi = 0 \quad ⑭$$

と表すことができます。

 もう少し詳しく！

流体や電磁場でもよく使用されるベクトル解析という数学をワンポイント解説

　数学におけるベクトル解析という分野における勾配、発散、回転と呼ばれるものについて簡単に説明します。

(1) 勾配とは？

　3次元空間におけるスカラー場 $\phi(x, y, z)$ というものを考えます。このスカラー場 $\phi(x, y, z)$ は位置 (x, y, z) でスカラー値をもつとします。このスカラー場 $\phi(x, y, z)$ の空間内における変化率を勾配と呼び、英語では gradient なので、これから数学における記号 grad（グラッドとかグラディントと呼びます）を作成し使用します。$\phi(x, y, z)$ を単に ϕ と書いて使用したりします。

$$\mathrm{grad}\,\phi = \frac{\partial \phi}{\partial x}\boldsymbol{i} + \frac{\partial \phi}{\partial y}\boldsymbol{j} + \frac{\partial \phi}{\partial z}\boldsymbol{k} = \begin{Bmatrix} \dfrac{\partial \phi}{\partial x} \\ \dfrac{\partial \phi}{\partial y} \\ \dfrac{\partial \phi}{\partial z} \end{Bmatrix} \quad ①$$

この $\mathrm{grad}\,\phi$ は ∇（ナブラ、と読みます）を使用して

$$\mathrm{grad}\,\phi = \nabla \phi \quad ②$$

とも書きます。

$\nabla \phi$ はスカラ場 ϕ から作られるベクトルなので、これを勾配ベクトルと呼びます。

②式より

$$\mathrm{grad} = \nabla = \frac{\partial}{\partial x}\boldsymbol{i} + \frac{\partial}{\partial y}\boldsymbol{j} + \frac{\partial}{\partial z}\boldsymbol{k} = \begin{Bmatrix} \dfrac{\partial}{\partial x} \\ \dfrac{\partial}{\partial y} \\ \dfrac{\partial}{\partial z} \end{Bmatrix} \quad ③$$

と書くことができます。

　③式は微分演算子だけなので、物理的には全く意味がありませんが、ベクトルと考えることができます。ということは、これを使用してベクトルの内積、外積の演算ができるということになります。

　この考え方が大変重要になります。

(2) 発散とは？

　発散のことを英語で、divergence といいます。

　これを利用しベクトル $\boldsymbol{A}$ の発散を $\mathrm{div}\,\boldsymbol{A}$ とか $\nabla \cdot \boldsymbol{A}$ と書きます。

　$\nabla \cdot \boldsymbol{A}$ は微分演算子の ∇ をベクトルとして考えると、$\nabla \cdot \boldsymbol{A}$ は ∇ と $\boldsymbol{A}$

の内積を表しているということになります。

$$\mathrm{div}\,A = \nabla \cdot A = \left\{ \frac{\partial}{\partial x}\ \frac{\partial}{\partial y}\ \frac{\partial}{\partial z} \right\} \begin{Bmatrix} A_x \\ A_y \\ A_z \end{Bmatrix} = \frac{\partial A_x}{\partial x} + \frac{\partial A_y}{\partial y} + \frac{\partial A_z}{\partial z} \quad ①$$

$\nabla \cdot A$ の演算は内積ですので、$\nabla \cdot A$ はベクトル場からスカラー量を求めていることがわかります。

(3) 回転とは？

回転のことを英語で、rotation と言います。

これを利用しベクトル A の回転を $\mathrm{rot}\,A$ とか $\nabla \times A$ と書きます。

$\nabla \times A$ は微分演算子の ∇ をベクトルとして考えると、$\nabla \times A$ は ∇ と A の外積を表しており、①式になります。（途中計算略）

$$\mathrm{rot}\,A = \nabla \times A$$
$$① \quad = \left(\frac{\partial A_z}{\partial y} - \frac{\partial A_y}{\partial z} \right) i + \left(\frac{\partial A_x}{\partial z} - \frac{\partial A_z}{\partial x} \right) j + \left(\frac{\partial A_y}{\partial x} - \frac{\partial A_x}{\partial y} \right) k$$

①式は行列式で表すことができ②式になります。

$$\mathrm{rot}\,A = \nabla \times A = \begin{vmatrix} i & j & k \\ \dfrac{\partial}{\partial x} & \dfrac{\partial}{\partial y} & \dfrac{\partial}{\partial z} \\ A_x & A_y & A_z \end{vmatrix} \quad ②$$

1-29 （振動放射音の発生メカニズムには近接音場と遠音場の物理も含まれます。これからすると全ての振動エネルギーにより放射された音が遠音場に到達しているわけでありません。）近接音場における音響エネルギーの渦とは？

① 近接音場とは？

振動体近傍の音場で音響エネルギーの渦が存在する空間です。音響エネルギーの渦は文字通り音響エネルギーが渦となって回転していますので回転しているうちに空気中で減衰してなくなってしまう音のエネルギーですので空間に広く伝搬していきません（図1参照）。

近接音場には音響エネルギーの渦だけでなく、遠音場に到達する音響エネルギーも混在しています。

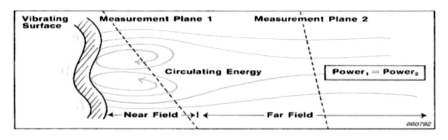

図1　振動体近傍の近接音場と遠音場
（出典 "Primer: Sound Intensity"、Brüel & Kjær Sound & Vibration Measurement A/S：許諾のうえ転載）

② 遠音場とは？

近接音場を通過してきた音響エネルギーで音響エネルギーの渦が存在しない空間です。

③ 騒音計での音の測定は近接音場で行えばよいのでしょうか？ それとも遠音場で行えばよいのでしょうか？

　騒音計のマイクには、JIS規格で無指向性マイクを使用しなくてはいけないと決められていますので、近接音場に騒音計のマイクを置くと音響エネルギーの渦が何回も繰り返して入力されてしまうので、騒音計の指示値が実際の値よりも大きくなってしまいます。よって、近接音場内で騒音計で測定すると正確な測定値よりかなり大きな値が測定されてしまいますので、何か特別な意図が無い限りは行ってはいけない測定ということになります。

　近接音場で正確に音・騒音測定するには、騒音計での測定ではなくて音響インテンシティ測定システムによる音響インテンシティの測定などが行われます。

　音響インテンシティを測定するためのセンサを音響インテンシティプローブと呼びますが、このプローブを大別するとマイクを使用したものと白金の細いワイヤをしようしたものがあります。

　マイクを使用したものより、白金を使用したプローブのほうが空間分解がかなりよくなりますが、風に弱いというのが難点です。

　近接音響ホログラフィやビームフォーミングという測定方法もありますが、本書では触れません。

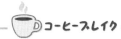コーヒーブレイク

- **場とは？ どこまでが近接音場かを簡単に確認する方法は？**

場とは何でしょうか？
なぜ、振動体近傍で音響エネルギーの渦が発生するのでしょう

か？
　どこまでが近接音場でしょうか？　どこからが遠音場でしょうか？

　場には、音場だけでなく重力場、応力場、電磁場、流体場、伝熱場などいろいろなものがあります。
　場とはそのエネルギが存在する空間と考えればよいでしょう。ですから音場であれば音のエネルギーが存在する空間ということになります。ちなみに、音場の読み方は、「おんば」、「おんじょう」のどちらでもよいようです。年配のかたは、「おんば」と読む方が多いようです。

　振動体周囲には空気が接しています。振動体の振動により、接している空気に押し引きが作用しこれにより音波が発生します。これが繰り返されるので接している空気が乱れ、その中に音響エネルギーの渦が複数発生します。

　振動体の近傍が近接音場でその先が遠音場になります。筆者は、実はこれの簡単な測定をしたことがあります。それは、振動体から1cm離れたところに騒音計のマイクを置き騒音計の指示値を見ます。指示値が瞬時瞬時でかなり変動していることがわかります。この位置から1cm離れたところで指示値を読む、これを振動体の表面から40cmくらい離れたところまで行いました。ここまでくるまでの位置で騒音計の指示値の大きな変動がなくなる場所があります。筆者はこの位置が近接音場から遠音場に切り替わる場所だなと判断しました。

もう少し詳しく！

音響インテンシティはどのような理論に基づいて計測されているのでしょうか？ 音響インテンシティ計測における直接法、間接法とは？

音響インテンシティの測定の方法は、2種類に大別できます。直接法と間接法です。

ある場所での音響インテンシティを求めるための理論式は、音圧と粒子速度の積の時間平均、つまり単位時間当たりの音圧と粒子速度の積です。式で表すと

$$I = \frac{1}{T}\int_0^T p(t)u(t)\,dt \qquad ①$$

ただし、$p(t)$：音圧
$u(t)$：粒子速度

直接法による音響インテンシティ測定装置は専用測定器になります。

(1) 直接法による音響インテンシティ計測のための近似式

粒子速度の有限差分近似は

$$u(t) = \int_0^t \frac{p_A(t) - p_B(t)}{\rho \cdot \Delta r}\,dt \qquad ②$$

ただし、$p_A(t)$：マイク A の音圧
$p_B(t)$：マイク B の音圧
ρ：空気の密度
Δr：マイク A、B 間の微小距離

よって、直接法では

$$\vec{I_r} = \frac{1}{2\rho \cdot \Delta r}(p_A(t) + p_B(t))\int_0^t (p_A(t) - p_B(t))\,dt \qquad ③$$

(2) 間接法による音響インテンシティ計測のための近似式

間接法はクロススペクトル法とも呼ばれます。

③式を周波数領域での表現に変更すると④式になります。

$$\vec{I_r} = \frac{1}{2\pi\rho \cdot \Delta r} \int_{f_2}^{f_1} \frac{\mathrm{Im}(G_{AB}(f))}{f} \mathrm{d}f \quad ④$$

ただし、$\mathrm{Im}(G_{AB}(f))$：マイク A、B 間のクロススペクトルの虚数部

間接法による音響インテンシティ測定装置は、FFT にこれ専用のソフトをインストールしたものになります。

1-30 振動・騒音分野ではごく普通に複素数が使用されます。なぜ複素数を使用するのでしょうか?

　複素数には虚数単位が使用されてます。日常生活では虚数単位を使用しません。なのになぜ、理工学の分野では虚数単位を使用するのでしょうか?

　結論から言いますと、虚数単位を使用すると位相(フェーズ)を表すのに便利だからだと考えます。

図1の複素単位円を考えます。
a点の1にjを1回かけると、b点のjになります。
b点のjにjを1回かけると、c点の-1になります。
c点の-1にjを1回かけると、d点の$-j$になります。
d点の$-j$にjを1回かけると、a点の1になります。

　つまり、jを1回かけるとccw方向に90°回転させるという物理現象を表すことができます。これは便利です。

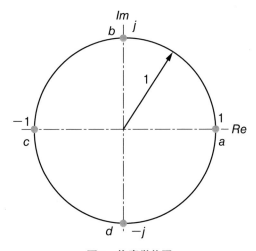

図1　複素単位円

しかし、90°単位ではなく任意の角度を自由に回転できるほうがよいですね。任意の角度を回転させる理論（数式）として、オイラーの公式の対があります。この式を使用すると、指数関数から三角関数に、三角関数から指数関数に変換することができます。これができる式は世界でこの式だけだそうです。この式はフーリエ変換の式の中でも使用されていますし、量子力学などいろいろな分野で使用されています。

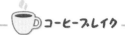

●任意の大きさの位相を数式で表すには？

①式はオイラーの公式の対です。
②式は「博士の愛した数式」という題名の映画で、博士が愛した数式として登場します。

オイラーの公式の対は

$$\left.\begin{array}{l} e^{-j\omega t} = \cos \omega t - j \sin \omega t \\ e^{j\omega t} = \cos \omega t + j \sin \omega t \end{array}\right\} \quad ①$$

これより②式が得られます。②式がこの映画の中で博士が愛した式になります。

$$e^{j\pi} = \cos \pi + j \sin \pi = -1 \quad ②$$

②式をイメージで表現すると、無限小数の無限小数乗が近似ではなく厳密に−1になる、ということを表しています。これは凄いですね。

この映画は小説がもとになっています。これを書かれたのは、小川洋子さんという小説家です。彼女は、当時のお茶の水女子大学の数学科の藤原正彦教授に相談し、この式を教えてもらったそうです。

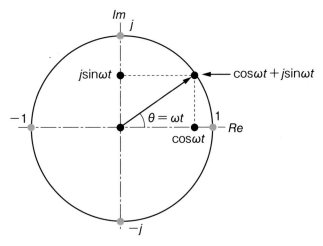

図2 数式による連続回転の表し方

　藤原先生は数学の専門書や啓蒙書など多くの本を執筆されておられますが、その昔、「若き数学者のアメリカ」という本を書かれ、筆者は若いときに胸をときめかせながら一晩で読んでしまったのを思い出します。「数学者列伝　天才の栄光と挫折」なども読ませて頂きました。

1-31　振動加速度をFFTで2回積分すると変位になりますが、この変位データは使用しないほうがよいでしょう。

振動測定というとセンサは振動加速度ピックを使用するのが普通です。ただし、回転軸の振動など振動体に加速度ピックアップを直接取付けられない場合は、非接触の渦電流センサを使用することが多いです。この渦電流センサでは振動加速度ではなく振動変位が直接測定できます。振動の評価量には、振動変位、振動速度、振動加速度の3種類があります。

それらの間の関係は下式で表されます。

振動変位：$d(t) = d \sin \omega t$　　①

振動速度：$v(t) = \dfrac{d}{dt} d(t) = d\omega \cos \omega t$　　②

振動加速度：$a(t) = \dfrac{d}{dt} v(t) = \dfrac{d^2}{dt} d(t) = -d\omega^2 \sin \omega t$　　③

振動加速度センサで測定した振動加速度を1回積分すると振動速度、もう1回積分すると振動変位になります。

$\omega = 2\pi f$ で、①~③式よりそれぞれの振幅は下記になります。

振動変位の（片）振幅：d：周波数依存性なし

振動速度の（片）振幅：$d\omega$：周波数依存性あり

振動加速度の（片）振幅：$d\omega^2$：周波数の2乗に依存

1回積分するごとに低域が強調され、高域が減少されます。よって、振動加速度を2回積分して振動変位にするとかなり低域が強調され、高域はかなり減少されてしまいます。FFTでもこの操作を行うことができますが、実際には使用できないデータになってしまうと考えたほうがよいでしょう。理由は下記によります。

① 測定した振動加速度データの低域の大きさは小さいことが多く、電気

ノイズのような場合が多いのですが、上記で説明しましたように、このデータを2回積分して振動変位にすると、この低域の量がものすごく大きくなってしまい、電気ノイズどころかメイン成分のように大きくなってしまいます。

② 低域の成分と高域の成分の大きさの差がかなり大きくなってしまい、データ全体のダイナミックレンジがかなり大きくなってしまい、その測定器の仕様上のダイナミックレンジをオーバーしてしまうことがあります。

●振動加速度ピックアップの縦感度と横感度

振動加速度ピックアップの感度には縦感度と横感度があります。振動加速度ピックアップの感度というと通常は縦感度のことをさします。それでは横感度とは何のことなのでしょうか？例えば、1軸の振動加速度ピックアップの場合、振動測定方向の感度に対して90°方向にも約3％くらいの感度を持っておりこれを横方向感度と呼んでいます。横感度により得られた値が振動測定方向の値に誤差として混入してしまいます。よって、誤差の要因の1つとして横感度というものがある、と認識しておくとよいでしょう。

1-32 空気の粒子速度とは？粒子速度と音の伝播速度は異なります！

　すでにこの本の中でも出てきましたが、音の分野では昔から粒子速度という専門用語があります。空気は酸素と窒素でできており、その比率は1：4ということです。分子でいうと酸素分子、窒素分子です。ここでは、これらをひとくくりにして空気分子と呼ぶことにします。空気は空気分子でみたされていることになります。満たされていないとすると、空気中に真空の場所が存在してしまうからです。

　それでは、空気分子の大きさはどれくらいでしょうか？　空気分子どうしは静電気などによってくっついてひとかたまりになっていると考えられます。すなわち、実際の空気分子の大きさは一定でなくまちまちということです。

　音は音響エネルギーを持っているので、ある空気分子にこの音響エネルギーが衝突するとその空気分子は振動し始めます。その振動エネルギーはその横にくっついている空気分子を振動させます。これが繰り返されて音響エネルギーが空気分子の振動の伝搬というかたちで伝わっていきます。このような空気分子を「空気の粒子」とか単に「粒子」と呼びます。この粒子自体は自分を中心にして振動します。この振動の速度を「粒子速度」と呼んでいます。

　空気分子の振動が周囲の空気分子に伝わっていく速度は、音の伝搬速度、すなわち音速になります。電気とのアナロジー（類推）でいうと、音圧が電圧、粒子速度が電流に対応します。

1-33　有限要素法による振動解析の種類と概要（機械分野にて）

有限要素法による振動解析手法を**表1**に整理しました。

表1　有限要素法による振動解析手法の種類（機械分野）

振動解析（機械分野）	固有値解析	実固有値解析	固有振動数と振動モード（相似形）を求める。 単に固有値解析というと、減衰を無視（ゼロ）にした実固有値解析のことを指す。
		複素固有値解析	減衰を無視しない場合の固有値解析を複素固有値解析という。
	周波数応答解析		周波数帯域を指定して、固有振動数と振動時の実際の変形量を求めるもの。減衰の値を与える。これにより振動時の実際の変形量がわかる。
	時刻歴応答解析（過渡応答解析）		時間ステップを細かくし、各時刻でどのように振動するかを解析する。 難点としては、計算量が多くなる。

　表1にて最も頻繁に使用されるのは、実固有値解析です。実固有値解析では不十分な場合は周波数応答解析を行います。複素固有値解析は自励振動など減衰の影響を考慮した解析を行いたい場合に実施します。振動の実務エンジニアリングにおいては、時刻歴応答解析は通常はほとんど行われないと考えてよいでしょう。

・有限要素法を言葉で単刀直入に短い文章で説明すると

　有限要素法を言葉で簡単に説明すると下記のようになります。

　場を偏微分方程式で表すことができても、手計算で解けない場合がほとんどです。手計算で解けないのであれば、近似解でもよいので何とか得られないだろうか？ということになるわけです。そこで考えられたのが連続体を有限な大きさの要素の集合体で近似し、その要素に節点という評価点を決め、その点での値を求め、要素内部での値は形状関数というものを使用して、節点での値を使用して近似することにより求めようというものです。

　定式化の理論としては、ガラーキン法がよく使用されます。これは純粋は数学的な近似解法です。近似計算するのに重み関数というものが必要になります。重み関数を用いて近似計算をする方法を重み付き残差法と呼びます。この重み関数に形状関数を使用するというのがガラーキン法の特徴です。

　有限要素法による振動解析では、その昔、京都大学の某先生と産学協同研究を数年間させて頂き、大変お世話になったことを思い出します。

第2部

機械の開発・設計者に必要になる

振動・騒音の
低減技術と問題解決技術

2-1 たたみ込み積分、周波数応答関数、コヒーレンス関数とは?

図1より、線形な系に対する時間領域での入出力の関係は①式のたたみ込み（畳み込み）積分で表されます。たたみ込み積分による値は、積和演算の繰り返しにより得られます。

$$y(t) = x(t) * h(t) \quad ①$$

時間領域で表された系の入出力関係をラプラス変換して表すと

$$Y(s) = X(s) \times H(s) \quad ②$$

s に $j\omega$ を代入すると、$\omega = 2\pi f$ ですのでフーリエ変換したことになります。

$$Y(f) = X(f) \times H(f) \quad ③$$

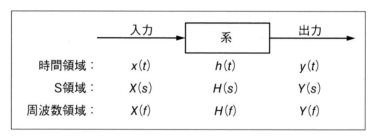

図1 1入出力系の時間領域、s領域、周波数領域

次に、コヒーレンス関数について記します。

コヒーレンス関数とは、出力が入力にどの程度起因して生じているかを表します。出力が入力に100％起因して生じていれば、コヒーレンス関数の値は1になります。逆に出力が入力に0％起因して生じていれば（全く起因していないということ）、コヒーレンス関数の値は0になります。

コヒーレンス関数 γ^2 は④式により表されます。

$$\gamma^2 = \frac{W_{xy} \cdot W_{xy}^*}{W_{xx} \cdot W_{yy}} = \frac{|W_{xy}|^2}{W_{xx} \cdot W_{yy}} \quad ④$$

ただし、W_{xx}：入力のパワースペクトル

W_{yy}：出力のパワースペクトル

W_{xy}：入力と出力のクロススペクトル

W_{xy}^*：入力と出力のクロススペクトルの共役

$0 \leq \gamma^2 \leq 1$

2-2 モード信頼性評価基準(MAC)とは?

モード信頼性評価基準（Modal Assurance Criteria）は、モードの直交性というものを使用したもので、2つの振動モード形状の類似度の判定に利用されます。

実務面では、実験モード解析によるある振動モードに対応した有限要素法解析による振動モードがどれになるのかを選定するのに使用されます。

実験解析と数値解析にて、振動モードの形状がもっとも似ているものどうしが対応していると考えられますので、これが固有振動数の対応関係にも使われます。

実験モード解析における固有振動数に最も数値的に近い数値解析による固有振動数が対応していると考えるのではないということです。

モード信頼性評価基準はその頭文字をとって、MAC（マック）と呼ばれています。MACは①式で表されます。

$$MAC(\phi_a, \phi_b) = \frac{|\{\phi_a\}^T\{\phi_b\}|^2}{(\{\phi_a\}^T\{\phi_a\})(\{\phi_b\}^T\{\phi_b\})} \quad ①$$

ただし、$\{\phi_a\}$：振動モード A のベクトル
$\{\phi_b\}$：振動モード B のベクトル

①式において、振動モード A が実験モード解析により得られたモードであれば、振動モード B が有限要素法により得られたモードということになります。

$\{\phi_a\}^T\{\phi_a\}$ は、振動モード A のひずみエネルギに対応した量と考えることができます。同様に $\{\phi_b\}^T\{\phi_b\}$ は、振動モード B のひずみエネルギに対応した量と考えることができます。右肩の小文字の T の添え字は転置行列を表し、この場合のベクトルどうしの演算を行えるようにしています。

固有振動数の変化は、数値的な変化によって簡単に確認できますが、モ

ード形状は各モードの形状図を比較することにより確認できます。

固有振動数の変化を確認する際には、例えば、4次モード同士や6次モード同士での数値を比較することは誤りであり、MAC値を参考にして相関関係の強いモード間での比較をする必要があります。

MAC値を確認しながら、有限要素法による振動の固有値解析結果と実験モード解析結果の相関を向上させることができます。

振動モードには直交性という性質があります。直交性とは全く同じモードのどうしの積は1になり、全く異なるモードどうしの積は0になるというものです。これを有限要素法の固有値解析で得たモードと同じ対象物に対する実験モード解析で得た振動モードどうしの積の計算を行うことで、振動モードの類似性の程度を確認できます。

(a) 整合性がとれていない

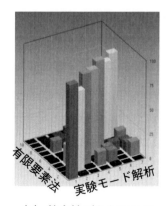
(b) 整合性がとれている

MACにより、有限要素法による固有値解析と実験モード解析の振動モードの整合性（幾何学的整合性）をとることができます。

図1　MACによる振動モードの整合性

2-3 製鉄所の燃焼炉の燃焼音の低減

　某大手製鉄所の燃焼炉の空気取り入れ口からの燃焼音がうるさいのでなんとかしてほしいというご依頼を頂きました。空気の取り入れ口が8ヶ所くらいあったと記憶しています。これら用に専用消音器（サイレンサ）を開発・設計・製造・現地施工を行いました。もちろん消音器取り付け前後での騒音の測定・分析を行ったことは言うまでもありません。空気取り入れ口での温度は約200℃でした。

　このときは高温のためグラスウールなどの吸音材が使用できないので、耐熱温度が250℃くらいのセラミック吸音板を使用し、低周波音対策として専用消音器内に空気層を設けました。

　この専門消音器を取り付けることにより、取り付け前に90 dB(A)くらいであった騒音レベルが60 dB(A)くらいになりました。

　このときは筆者が設計した図面指示通りの加工方法で加工されてなく、これを直すのに協力会社の工場に返送して加工し直す時間的余裕がなかったので、急遽当社側で当社近くの工場を手配し、加工場を確保し、筆者も加わり、加工をやり直しました。この作業のために徹夜が数日間続き大変だったのを覚えています。そして夜中に筆者がトラックを運転しやっとの思いで納期に間に合わせました。

　このような仕事は、実務がよくわかるので、筆者としては続けたかったのですが、体力が続かなく、今から25年くらい前から約10年間行っただけでした。この間も、技術コンサルティング（技術指導）やセミナー講師も行っていましたが、実際に発生しているいろいろな振動・騒音問題解決のための測定・分析・開発・設計・製造・現地施工は大変でしたが貴重な経験でした。

2-4 電子部品が高密度実装されたプリント基板にてどの部品が騒音源であるのかを見つける方法は?
この場合の騒音の最大低減量の数値を求める簡単な方法とは?

　某企業では液晶テレビ内で使用されている細長い蛍光灯をインバータ制御するためのプリント基板を製作し、複数のテレビメーカーに納入していました。このプリント基板を製作している会社もテレビメーカーも一部上場企業でした。

　ある日突然この会社からこのプリント基板から発生する騒音問題解決のための技術指導をしてほしいというご依頼を頂きました。騒音といってもテレビ内で使用されているプリント基板から放射される騒音なので、その騒音レベルは大変小さいものでした。他の技術指導で忙しかったのですぐにはその会社に伺えませんでしたが、都合をつけその会社に伺いました。その会社に着くなり下記のような話がありました。

　「このプリント基板から小さいがジーという電気ノイズのような騒音が発生しています。この騒音、小さいので普段は気にならないのですが、ときどき耳のよいお客様がおられて、この小さい騒音が気になるのでなくしてほしい、というクレームがときどき入ってくるので、何とか対策しなくてはいけない状況になりました。多くの小さな部品がこのプリント基板に高密度実装されており、どの部品がこのジーという騒音を発生しているのかわかりません。この部品の中に中間周波トランスが実装されているので原因はそれかと考えこれを取り除き、それでもとりあえず回路が作動するように工夫しましたが、それでもこのジーという小さな騒音はなくなりませんでした。どのようにすれば騒音源となっている部品を見つけ出すことができるのでしょうか？ 技術指導をお願いできないでしょうか？」ということでした。

このプリント基板、5cm角くらいと小さいサイズでしたが多くの小さい部品が高密度実装されていて、マイクを使用したインテンシティプローブで音響インテンシティを測定しても空間分解能が十分でなく、音源を同定することはできないだろうという感じでした。白金を使用したインテンシティプローブを使用すれば、空間分解能がよいので役に立ったかもしれませんでしたが、当社ではこのプローブを所有していなかったので、お客様に購入されてはどうですかと聞きましたが納品されるまでに時間がかかるし、この測定器一式を購入すると高価なので購入する意思は無いという返事でした。

お客様からは、白金を使用したインテンシティプローブを購入しなくても音源を同定できる方法を考えてもらえないかということでしたので、次に私が行ったのは、プリント基板に実装されている部品の一覧表を検討することでした。

するとそこに、積層セラミックコンデンサがありました。この部品をプリント基板上で見てみると1mm角くらいのすごく小さい部品でした。積層セラミックコンデンサには誘電体として圧電素子が使用されているので、これが原因だろうと考えました。

このことをお客様に説明しましたが、どうも信じられないという表情をされていました。ということで、この積層のセラミックコンデンサが原因でジーという小さな騒音が放射されているということをその場ですぐに実証しなければならないという状況に追い込まれてしまいました。

小さな電子部品自体ではたいした大きさの騒音を出していなくても、それが平面（プリント基板）に接触していると、音響放射効率が高くなり電子部品単体のときよりも大きな騒音を放射する、つまり騒音レベルが大きくなってしまいます。ということで、このことを利用して下記の検証をしてみることにしました。

> プリント基板にはんだ付けされている積層セラミックコンデンサを取り外し、そこに同じ仕様の新品の積層セラミックコンデンサをリード線が長い状態でプリント基板にはんだ付けしましょう。

ということをお客様に提案致しました。これを図にすると**図1**のようになります。

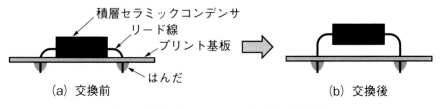

図1 積層セラミックコンデンサの交換前後

図1の(a)の状態で、積層セラミックコンデンサの垂直上方10 cmの場所で48 dB（A）でしたが、同図(b)の状態では、同じ場所で20 dB（A）になり、お客様が言われていたジーという騒音もなくなりました。よって、ジーという騒音は、この積層セラミックコンデンサが発生していることがわかりました。(b)が騒音対策の方法にもなっているわけですが、このようにすれば48−20＝28で28 dB（A）も騒音を低減できることが、こんなに簡単な方法でわかりました。

　積層のセラミックコンデンサ本体が平板であるプリント基板に接していたことにより、音響放射効率がかなり高くなっていたのです。

　この件は、このように容易に解決することができましたが、すべてがこのようにうまくいくわけではありません。

　お客様がご相談される内容によっては、日本どころか世界中のどこを探してもお客様が探しておられる技術がない場合があります。お客様はその

技術が世の中に存在するかしないか関係なく要望されることがありますので、こんなときは実に技術コンサルタント泣かせということになります。このような場合は、お客様が望んでおられる技術を構築していかなければならないのが大変で、時間も費用もかなりかかります。時間と費用をかなりかけても無理という場合もあります。

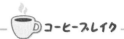

・通常使用している騒音計で 20 dB(A)という大きさの騒音を測定することができるでしょうか？

　実はどのメーカーの騒音計（通常使用している騒音計）でも測定できないというのが実情ではないでしょうか？ 一言で説明すると、騒音計自体にも電気ノイズによる雑音があり、その雑音レベルよりも大きな騒音でないと測定できないのですが、困ったことに、この雑音レベル内の大きさの騒音でも通常我々が使用する騒音計では、騒音レベルの値を表示してしまうのです。つまり誤った（保証外の）値を表示してしまうのです。

　このような小さい大きさの騒音を測定する場合は、通常の騒音計ではなく別売の超精密な騒音計で測定しなくてはなりません。

　このような場合、どのような超精密な騒音計を使用すればよいのかについては、各メーカーにより情況が異なるのでお問い合せ頂くとよいと思います。

　書き遅れましたが通常使用している騒音計の仕様を確認し、騒音レベルの測定範囲が何 dB から何 dB までになっているかを確認しておくことを忘れてはいけません。

　今回の場合は、当社所有の超精密騒音計を使用しました。

2-5 大きな振動は大きな騒音を放射するというのは間違いであることが多い。振動体の音響放射効率を考えないといけません。(また、正方形の板と細長い板を比較すると細長い板の音響放射効率は通常低くなります。)

図1は、実測データを基にして、説明しやすい図に直した振動と騒音のパワースペクトルです。

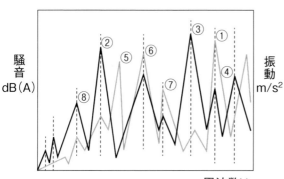

図1　振動のスペクトルと対応する騒音のスペクトルの重ね描き

＊実際の測定では、測定面全体に一辺が 20 cm の正方形を多数描きその全ての頂点（格子点）を振動のパワースペクトルの測定点にしました。

騒音の各々のピークが上図中における①〜⑧を解説すると

①：図中でこの周波数の騒音のピークが一番大きい。この騒音のピーク周波数と同じ周波数に振動のピークがあります。振動と騒音が同じ周波数なのでこの場合、この騒音はこの振動によって放射されていると判断できます。この騒音は振動放射音ということになります。振動のピークは小さいのに騒音のピークが一番大きい。つまり、この振動の「音響放射効率」はこのデータ全体の中ではかなり高いと

いえます。実は、音響放射効率の高い振動から順に小さくしていくと効果的かつ効率的に振動放射音を小さくしていくことができるのです。

②：これは①とは逆です。振動のピーク周波数と騒音のピーク周波数が一致しているので、この騒音は振動放射音と考えてよいというのは①の場合と同じですが、振動のピークは大きいが騒音のピークは小さい。これはこの振動の音響放射効率が小さいということことを表しています。

上記からわかるように、振動のピーク周波数が大きい振動から順に小さくしていけば、そこから放射される音が小さくなると考えるのは誤りです。振動放射音の低減を行う場合は常に音響放射効率を考慮しななければなりません。

③：振動のピーク周波数とこのピークに一番近い騒音のピーク周波数が異なりますので、このピークの振動はこの騒音を放射していないということがこのデータからわかります。よって、このピーク周波数の騒音を小さくしたいときは、原因は振動ではないので違う原因を探せばよいとうことをこのデータが教えてくれています。

④：このピーク周波数の振動と一致する騒音のピーク周波数はありませんので、この振動は騒音を放射していません。

⑤：このピーク周波数の騒音はかなり大きいですが、同じ周波数に振動のピークはありません。よって、この騒音も振動放射音ではありません。しかしながらこのピーク周波数の騒音は大きいので、騒音低減上この騒音の原因（振動放射音以外）を同定しなくてはならないということをこのデータは教えてくれています。

⑥：この振動と騒音のピーク周波数は同じですので、この騒音は振動放射音です。しかしながら、①と比較すると、この振動の音響放射効率は①ほど高くないということがわかります。

⑦：この場合の考え方は上記の⑥と同じです。

⑧：この場合のピーク周波数の騒音も振動放射音ですが、騒音の大きさが小さいので実務上は振動放射音低減のための対策をする必要がないかもしれないということをこのデータが教えてくれています。

図1のようにデータを整理すると、概略これくらいのことはすぐに読み取れます。

図1は仕事の優先順位も教えてくれています。図1の騒音全体であるオーバーオルレベルを低減させるための仕事の優先順位は下記であることがわかります。

優先順位1：①の振動を小さくする。

優先順位2：⑥の振動を小さくする

優先順位3：⑤の騒音を小さくする。この騒音は振動放射音ではないので、この騒音の原因同定してから騒音低減を行わなければなりません。

この場合これ以上の対策を行わなくても、これくらいやればかなりの騒音低減ができます。

仕事で騒音低減を行う場合、このように原因がわかりやすい資料を実測データから作成し、仕事の優先順位については「データがこのように言っています」、というように社内などでは客観的に説明することが重要で、このような客観的なデータを作成せずに「私はこの周波数の騒音低減を最初にやるべきだと考えます。」などのような主観的な言い方はしないほうが賢明と考えますがいかがでしょうか？

また、平板などの音響放射に関しては、キャンセレーションメカニズムと呼ばれる物理現象があり、振動体からの音響放射効率を検討する場合は、これも考慮すべきということになります。

2-6 衝撃振動は、時間幅が大きくなるにつれて周波数帯域が狭くなります！

衝撃振動を含め衝撃現象は、数学的にはδ（デルタ）関数で表されます。これは、量子力学で有名なポール・ディラック氏が考案されたとのことです。

下記の**図1**のように、時間を独立変数とする関数（左図）をフーリエ変換すると右図のように大きさが1で周波数依存性がなくなります。

その物体がどのような物体であろうと、換言するとどのような製品であろうと、このような衝撃振動が加わると、かならず共振するということになります。

ところが実際には、下図のような時間幅 Δt がゼロの衝撃振動はありません。この場合のような衝撃振動とそのラプラス変換したものは**図2**のようになります。

理想的なδ関数は $\Delta t=0$ ですが、実際にはこのようなδ関数で現される衝撃信号はありません。つまり、実際の衝撃信号では $\Delta t=0$ になることはありません。

重要なのは Δt が大きくなるにつれ、そのスペクトルは図2のように①→②→③のようになるということです。

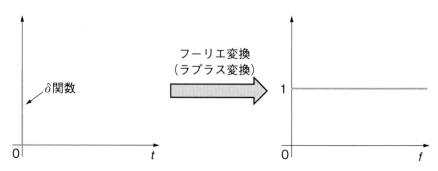

図1　デルタ関数とそのフーリエ変換（理想的な場合）

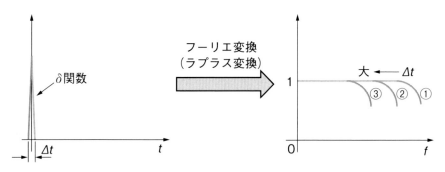

図2　実際の衝撃振動とそのフーリエ変換

　これがなぜ重要かと言うと設計などの実務エンジニアリングにおいて、Δt が大きくなるように設計すれば、理論的に共振する可能性を小さくすることができるからです。
　機械（製品）の設計段階で大きな衝撃振動だけでなく小さな衝撃振動でもその時間幅 Δt が大きくなる方向で設計すれば、設計段階で共振しにくく振動の小さな機械の設計に寄与することができるわけです。
　よって、設計後に有限要素法などのソフトで振動や応力の解析をしたり、実験モード解析ソフトで振動の実験解析を行う前の機械設計の段階にて、このような振動対策に役立つ設計をしておくことができるということになります。

2-7　振動を測定するとき振動加速度ピックアップをどのような方法で取り付けておられますか？

　取り付け方（固定のしかた）によっては正しい測定値が得られないことがありますので要注意です。

　この原因の1つに、接触共振と言う現象がありますが、ここではこれと違う内容について説明します。

　岡山県の某メーカーの技術指導に行ったときの話です。この会社に技術指導を始めてから1年くらい経ったときのことです。

　お客様が測定された振動の測定データを見たときに、違和感を覚えました。このデータは何かがおかしいと瞬間的に感じたのです。

　何かがおかしい、とは技術的に正しくないということを感じたということです。そのときは、その会社の製品の振動の低減を行おうとしていたのですが、技術的に間違ったデータをそうとは気がつかず正しいと思い込み、その正しくないデータを技術的に正しく読みこなしてもデータ自体が間違っているのですから技術的に正しい判断ができるわけがありません。

　そのときの図1の状況で測定したデータは図2のようなものでした。こ

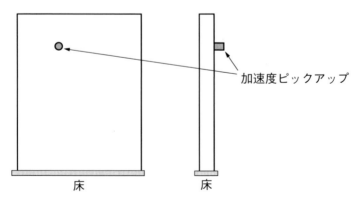

図1　機械のフレーム（厚板鋼板、SS400）にマグネットで取り付けた加速度ピックアップ

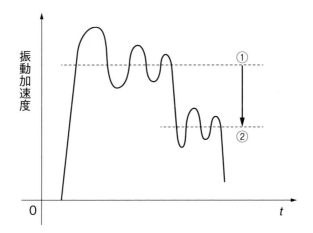

図2 図1の厚板鋼板に衝撃振動が加わったときの振動波形

のお客様は振動加速度ピックアップをマグネットで取付けて測定されていました。この機械を稼動させたときに大きな振動が働き、振動加速度ピックアップが下方（①→②）に少しずれたのです。ずれ量が小さかったので、測定者はこのズレに気がつかなかったので、このデータを正しく測定されたデータと思い込んでいましたが、実は技術的に正しいデータではないということを図2が語っています。

2-8 自分が実測した測定データに対して測定した瞬間に違和感(このデータはおかしい、変だ)を感じたもう１つの例

　鋼を工具鋼で切削する加工機にて、その加工機のFRFを多数測定したとき、ある場所でのFRFデータに違和感を覚えました。それは、FRFのゲインにて広帯域にノイズがのったようなデータで、測定したゲインの図の形状が全体的にまんべんなくガタガタしていて顕著なピークディップが見当たらないようなデータでした。

　一見して、こんなFRFのゲインデータからは機械の振動特性を同定できないと考えてしまうようなデータでした。

　この違和感を感じたFRFデータを取得した測定対象である機械装置の部位を詳細に目視でチェックするとちょうど片腕が入るくらいの細長い穴があいていました。手を差込むと肘のあたりまですっぽりと入ってしまいました。突き当りにM30くらいのSHボルト（アンブラコ）があり、それが緩んでいるどころか全くねじ込まれていませんでした。M30くらいを使用するということは、かなりの大きさの力が働く部位ということになります。それがまったくねじ込まれていないのですから、稼動したときにガタつき振動・騒音が大きくなるというのは、当たり前と言えば当たり前です。

　このボルトをロングのTレンチで締めたら、あれだけ大きかった振動・騒音が嘘のように小さくなってしまいました。

　こんなこともあるんですね、という感じでした。

2-9 丸型防振ゴムで防振支持した系全体の固有振動数の計算のしかた

コモンベースの上にモータとファンから構成される送風ユニットを設置し、このコモンベースの下部に丸型防振ゴムを設置したら、防振ゴムが 0.5 cm 沈みました。この装置全体の固有振動数を求めてみましょう。

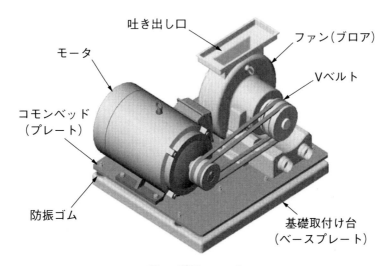

図1　送風ユニット

モータ、ブロワ、コモンベースなどはそれぞれが固有振動数を持っています。しかしながら丸型防振ゴムの静剛性の値が一番小さいので系全体の固有振動数を求めるときはこの値が効いてきます。

この場合のように、0.5 cm 沈んだというのは、一番剛性の弱い防振ゴムが 0.5 cm 圧縮されたと考えて、①式のように固有振動数を計算すればよいということになります。なぜ、この計算式を使用すればよいかということについては、この後のコーヒーブレークをご参照下さい。

$$f_n = \frac{5}{\sqrt{\delta}} = \frac{5}{\sqrt{0.5}} = \frac{5}{0.7} = 7 \text{(Hz)} \quad ①$$

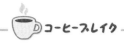

• バネ-マス系の剛体の固有振動数を求める式と変位を求める式を導出してみましょう

バネ-マス系で考える。
下向きをプラスの向きとすると

$$m\frac{d^2x(t)}{dt^2} = -kx(t)$$

$$\boxed{m\frac{d^2x(t)}{dt^2} + kx(t) = 0} \quad ①$$

線形1階不減衰自由振動を表すニュートンの運動方程式

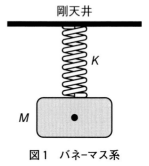

図1　バネ-マス系

①の運動方程式を実数解を想定して解いてみましょう。

①の解 $x(t)$ が満足しなければならい条件は下記と考えられます。

　(1) 減衰がないので振幅は時間に依存せず一定。

　(2) 解 $x(t)$ は時間で2回微分できなければならない。

よって、上記の(1)、(2)を満足する解として、$x(t) = \sin \omega t$ とおくと①式は

$$-m\omega^2 \sin \omega t + k \sin \omega t = 0 \quad ②$$

②式の両辺を $\sin \omega t$ で割ると

$$-m\omega^2 + k = 0 \quad ③$$

③式より $\omega > 0$、角振動数 ω を固有角振動数 ω_n にすると

$$\omega_n = \sqrt{\frac{k}{m}} \quad ④$$

④式より

$$f_n = \frac{1}{2\pi}\sqrt{\frac{k}{m}} \quad ⑤$$

次に、固有振動数 f_n だけでなく、変位 $x(t)$ の一般解の求め方のポイントを解説します。

この常微分方程式は数学の分野では同次方程式（斉次方程式）と呼ばれています。

この場合の一般解は、2つの特殊解の線型和になることが数学的に証明されているので、この考え方を使用すると便利で簡単ですので、ここではこれを使用し一般解を求めることにします。

$\sin \omega t$ と $\cos \omega t$ は特殊解になっています。

A、B を任意定数とします。A、B は振幅になっています。

$x(t)$ の一般解は

$$x(t) = A \sin \sqrt{\frac{k}{m}}\, t + B \cos \sqrt{\frac{k}{m}}\, t \quad ⑥$$

任意定数 A、B の値は初期条件から求まります。

初期条件として、質量 m が手で引っ張られて x_0 だけ変位を受け、初速度 v_0 を持つ状態で解放されるとすると

$$t=0 \text{ において} \quad \begin{cases} x = x_0 \\ \dfrac{dx}{dt} = v_0 \end{cases}$$

これを⑥式に代入して

$$A = \frac{v_0}{\omega_n}$$

$$B = x_0$$

よって、$x(t)$ は

$$x(t) = \frac{v_0}{\omega_n} \sin \sqrt{\frac{k}{m}}\, t + x_0 \cos \sqrt{\frac{k}{m}}\, t \quad ⑦$$

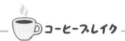 コーヒーブレイク

- **バネ-マス系の剛体の固有振動数を求める式を実務エンジニアリングに使用しやすくなるように変形してみよう！**

実務エンジニアリングに使用しやすく変形すると、下記の3つの式になります。

(1) 静的変位が δ (m) のとき

$$f_n = \frac{0.5}{\sqrt{\delta}} \text{ (Hz)}$$

f_n は
f : frequency
n : natural frequency
を表します。

(2) 静的変位を δ (cm) とすると

$$\boxed{f_n = \frac{5}{\sqrt{\delta}} \text{ (Hz)}}$$

ここに記してある3種類の式のうちこの式をよく使用します

(3) 静的変位を δ (mm) とすると

$$f_n = \frac{15.8}{\sqrt{\delta}} \text{ (Hz)}$$

実務でよく使用される $f_n = \dfrac{5}{\sqrt{\delta}}$ の式を導出してみましょう。

$$f_n = \frac{1}{2\pi}\sqrt{\frac{k}{m}} = \frac{1}{2}\sqrt{\frac{k}{W/g}} = \frac{\sqrt{g}}{2\pi}\frac{1}{\sqrt{W/k}} = \frac{\sqrt{g}}{2\pi}\frac{1}{\sqrt{\delta}} \quad ①$$

ただし、m：質量 (kg)

k：バネ定数 (kg f/cm)

W：重量 (kg f)

g：重力加速度 (cm/sec²)

δ：変位量 (cm)

重力加速度を 980 cm/sec² とすると①式は

$$f_n = \frac{\sqrt{980}}{2 \times 3.14}\frac{1}{\sqrt{\delta}} = 4.982\frac{1}{\sqrt{\delta}} \fallingdotseq \frac{5}{\sqrt{\delta}} \quad ②$$

分子を丸めた誤差は

$$\frac{5}{4.982} \fallingdotseq +0.4\ \%$$

にしかすぎないので、この式を実務エンジニアリング用の式としてよく使用します。

2-10 共振を回避できないときはダンピング（減衰）により共振の程度を弱めることができる

　機械・装置の共振を避けられないときは、減衰の値を少しでも大きくするためのものを考案します。機械エンジニアができる減衰の値を増加させるための具体的な設計は下記などです。

① 動吸振器（ダイナミックダンパー）を設計して機械・装置の中に取付ける。
② スポット溶接により摩擦減衰を増やす。
③ 振動体に多数の貫通穴をあけた平板を、この貫通穴にボルト・ナットを使用して固定することにより摩擦減衰を増やす。
④ 制振合金、制振鋼板などの制振材料を目的に応じて使用する。

2-11 意外に多いコイルばねの設計・選定における失敗！実務におけるサージングしないコイルばねの設計のしかたと計算例題！

(1) コイルばねの固有振動数（1次、2次、3次、、、）の計算式

コイルばねの固有振動数、すなわちサージング周波数 f_n（Hz）は下記の通りです。

$$f_n = \frac{\omega_n}{2\pi} = \frac{n}{2}\sqrt{\frac{k}{m}} = n\left(\frac{d}{2\pi D^2 N_a}\right)\left(\frac{gG}{2W}\right)^{1/2} \text{（Hz）} \qquad ①$$

ただし、ω_n：固有角振動数（rad/sec）

　　　　n：正の整数（1, 2, 3, …）

　　　　m：コイルばねの質量（kg）

　　　　k：コイルばねの剛性（N/m）

　　　　d：線径（m）

　　　　D：有効径（m）

　　　　N_a：コイルばねの有効巻数

　　　　g：重力加速度（m/s^2）

　　　　G：横弾性係数（N/m^2）

　　　　W：コイルばねの単位体積当たりの重量（N/m^3）

(2) 振動源の周波数とコイルばねの固有振動数との関係

共振回避するための考え方は、振動源の周波数はコイルばねの1次の固有振動数の1/10～1/3以下くらいにします。

(3) コイルばねの共振（サージング）を回避したコイルばねの設計計算例題

図1はバルブの開閉装置です。この装置の仕様は、

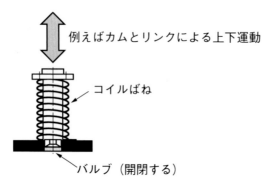

図1　コイルばねを使用したバルブの開閉装置

- カム軸の最高回転数：3000［rmp］
- 弁リフト：8［mm］
- ばね取付時のたわみ：10［mm］
- ばね定数：30［N/mm］
- ばね指数：6
- ばね材の横弾性係数：78［GPa］
- 単位体積当たりの重量：76.9×10^{-6}［N/mm^3］

今回の計算では例として、ばねの固有振動数をカム軸回転数の10倍とした場合、ばね素線の径、コイル平均径、コイルの有効巻き数を求めてみましょう。

【解答】

ばねの固有振動数 f_n を下記にします。

$$f_n = \frac{3000}{60} \times 10 = 500 \; [\text{Hz}]$$

①式より

$$500 = \frac{d}{2\pi D^2 N_a} \left(\frac{gG}{2W}\right)^{1/2}$$

$$= \frac{d}{2\pi D^2 N_a} \left(\frac{9800 \times 78000}{2 \times 76.9 \times 10^{-6}}\right)^{1/2}$$

よって

$$\frac{D^2 N_a}{d} = 710 \; [\text{mm}] \quad ②$$

ばね定数は

$$k = \frac{Gd^4}{8 N_a D^3} = 30$$

より

$$\frac{N_a D^3}{d^4} = \frac{78000}{8 \times 30} = 325 \quad ③$$

②、③式から

$$\frac{D}{d^3} = \frac{325}{710} = 0.458 \quad ④$$

また、最大たわみ δ は

$$\delta = 8 + 10 = 18 \; [\text{mm}]$$

よって、最大荷重 P は

$$P = k\delta = 30 \times 18 = 540 \; [\text{N}] \quad ⑤$$

また、ばね指数は $C = 6$ なので、応力修正係数 χ は

$$\chi = \frac{4C-1}{4C-4} + \frac{0.615}{C} = 1.25 \qquad ⑥$$

求めるせん断応力 $\tau_{\max}$ は④、⑤、⑥で計算した値を使用して

$$\tau_{\max} = \chi \frac{8PD}{\pi d^3} = 1.25 \times 8 \times 540 \times 0.458/3.14 = 788 \ [\text{N/mm}]$$

ばね指数 C は

$$C = \frac{D}{d}$$

これと④式より

$$\frac{D}{d^3} = \frac{C}{d^2} = 0.458$$

よって、

$$d = \left(\frac{6}{0.458}\right)^{1/2} = 3.6 \ [\text{mm}]$$

$$D = Cd = 3.6 \times 6 = 21.6 \ [\text{mm}]$$

したがって、コイルばねの有効巻き数は、②式から

$$N_a = \frac{710d}{D^2} = \frac{710 \times 3.6}{21.6^2} = 5.48$$

よって、$N_a = 5.5$ 巻きまたは6巻き

2-12 （固有値解析には「標準的な固有値解析」と「一般的な固有値解析」があります。）
実固有値解析による振動モードでは絶対値が求まらず相似比しか求まらない理由は？
この2つの固有値解析の関係と計算例

　最初に数学者が純粋に数学的な関心から「標準的な固有値問題」というものを研究しはじめました。

　その後、工学者が「一般的な固有値問題」というのを考えはじめ、後年、数学者の研究成果を工学者が工学問題を解くのに利用しはじめました。

　①式は「一般的な工学問題です。」

　　　$[K]\{X\} = \lambda[M]\{X\}$　　①

　　ただし、λ：固有値

　　　　　$[K]$：剛性マトリックス

　　　　　$[M]$：質量マトリックス

　　　　　$\{X\}$：振動モード

において、下記を行うことを、振動分野で「固有値問題を解く」とか、「固有値解析を行う」と言います。

(1)　固有値 λ を求め、その平方根を求めれば固有角振動数 ω_n になります。

(2)　各固有振動数に対応する振動モードを求めます。

　①式の右辺を左辺に移項して整理すると

　　　$([K] - \lambda[M])\{X\} = \{0\}$　　②

いま仮に、$([K] - \lambda[M])$ に逆行列が存在するとすると②式は③式のように変形できることになります。

　　　$([K] - \lambda[M])^{-1}([K] - \lambda[M])\{X\} = ([K] - \lambda[M])^{-1}\{0\}$

　　　$[I]\{X\} = ([K] - \lambda[M])^{-1}\{0\}$

　　　$\{X\} = \{0\}$　　③

{X}は振動モードなので、{0}になってはいけないのに{0}なるという矛盾が生じています。

この矛盾は、$([K]-\lambda[M])$に逆行列が存在するとする、としたことによります。矛盾を発生させないためには、$([K]-\lambda[M])$が逆行列を持たないとしなければなりません。このためにはこの行列式の値が0にならなくてはなりません。

よって

$$|[K]-\lambda[M]|=0 \quad ④$$

$$\left|\begin{bmatrix} k_{11} & k_{12} & \cdots & k_{1n} \\ k_{21} & k_{22} & \cdots & k_{2n} \\ \vdots & \vdots & \ddots & \vdots \\ k_{n1} & k_{n2} & \cdots & k_{nn} \end{bmatrix} - \lambda \begin{bmatrix} m_{11} & m_{12} & \cdots & m_{1n} \\ m_{21} & m_{22} & \cdots & m_{2n} \\ \vdots & \vdots & \ddots & \vdots \\ m_{n1} & m_{n2} & \cdots & m_{nn} \end{bmatrix}\right| = 0 \quad ⑤$$

$$\begin{vmatrix} k_{11}-\lambda m_{11} & k_{12}-\lambda m_{12} & \cdots & k_{1n}-\lambda m_{1n} \\ k_{21}-\lambda m_{21} & k_{22}-\lambda m_{22} & \cdots & k_{2n}-\lambda m_{2n} \\ \vdots & \vdots & \ddots & \vdots \\ k_{n1}-\lambda m_{n1} & k_{n2}-\lambda m_{n2} & \cdots & k_{nn}-\lambda m_{nn} \end{vmatrix} = 0 \quad ⑥$$

⑥式を計算すると、λについてのn次方程式になります。

$$\lambda^n + c_1 \lambda^{n-1} + \cdots + c_{n-2}\lambda^2 + c_{n-1}\lambda + c_n = 0 \quad ⑦$$

n次方程式には基本的にn個の根が存在するとするとし、⑦式を解くことにより、n個のλが得られます。

すると、$\sqrt{\lambda}=\omega_n$によりn個の固有角振動数が求まります。

λを②式に代入すれば、対応する振動モード{X}が求まります。

「一般的な固有値問題」と「標準的な固有値問題」が等価になる理由

振動問題を解くための固有値問題は、「一般的な固有値問題」とよばれ、式はすでに解説しましたように

$$[K]\{X\} = \lambda [M]\{X\} \quad ①$$

しかし、これをそのまま解かないで、もともと数学の分野で研究されてきた下記の「標準的な固有値問題」の研究成果を利用して

$$[A]\{X\} = \lambda \{X\} \quad (2)$$

を解く方法があります。

ここで、

①式における質量マトリックス $[M]$ を③式のような三角行列どうしの積に分解します。三角行列にすると計算時間が短縮されます。

$$[M] = [L][L]^T \quad ③$$

③式を①式に代入して

$$[K]\{X\} = \lambda [L][L]^T \{X\} \quad ④$$

④式に $[L]^{-1}$ を左からかけて

$$[L]^{-1}[K]\{X\} = \lambda [L]^{-1}[L][L]^T \{X\} \quad ⑤$$

$$[L]^{-1}[K]\{X\} = \lambda [L]^T \{X\} \quad ⑥$$

ここで、

$$[L]^T \{X\} = \{x\} \quad ⑦$$

とおく。これを変形すると

$$([L]^T)^{-1}[L]^T \{X\} = ([L]^T)^{-1}\{x\}$$

$$\{X\} = ([L]^T)^{-1}\{x\} \quad ⑧$$

⑦式、⑧式を⑥式に代入すると

$$[L]^{-1}[K]([L]^T)^{-1}\{x\} = \lambda \{x\} \quad ⑨$$

となり

　　$[A]=[L]^{-1}[K]([L]^T)^{-1}$ とおくと

　　$[A]\{x\}=\lambda\{x\}$　　⑩

となります。⑩式は「標準的な固有値問題」の式なので、「一般的な固有値問題」は「標準的な固有値問題」と等価であることがわかりました。

固有値解析のための行列 [A] の計算のしかた

$$[A]=[L]^{-1}[K]([L]^T)^{-1} \quad ①$$

を作成して固有値 λ と固有ベクトル $\{x\}$ を求めます。そのための $[A]$ の計算のしかたを説明します。

例えば、$[K]$ を下記とします。

$$[K]=\begin{bmatrix} k_{11} & k_{12} & \cdots & k_{1n} \\ k_{21} & k_{22} & \cdots & k_{2n} \\ \vdots & \vdots & \ddots & \vdots \\ k_{n1} & k_{n2} & \cdots & k_{nn} \end{bmatrix} \quad ②$$

$[M]$ を対角マトリックスとおくと

$$[M]=\begin{bmatrix} m_1 & 0 & \cdots & 0 \\ 0 & m_2 & \cdots & 0 \\ \vdots & \vdots & \ddots & \vdots \\ 0 & 0 & \cdots & m_n \end{bmatrix} \quad ③$$

とすれば

$$[L]=\begin{bmatrix} \sqrt{m_1} & 0 & \cdots & 0 \\ 0 & \sqrt{m_2} & \cdots & 0 \\ \vdots & \vdots & \ddots & \vdots \\ 0 & 0 & \cdots & \sqrt{m_n} \end{bmatrix} \quad ④$$

$$[L]^T=\begin{bmatrix} \sqrt{m_1} & 0 & \cdots & 0 \\ 0 & \sqrt{m_2} & \cdots & 0 \\ \vdots & \vdots & \ddots & \vdots \\ 0 & 0 & \cdots & \sqrt{m_n} \end{bmatrix} \quad ⑤$$

$$[L]^{-1} = \begin{bmatrix} \dfrac{1}{\sqrt{m_1}} & 0 & \cdots & 0 \\ 0 & \dfrac{1}{\sqrt{m_2}} & \cdots & 0 \\ \vdots & \vdots & \ddots & \vdots \\ 0 & 0 & \cdots & \dfrac{1}{\sqrt{m_n}} \end{bmatrix} \quad ⑥$$

$$([L]^T)^{-1} = \begin{bmatrix} \dfrac{1}{\sqrt{m_1}} & 0 & \cdots & 0 \\ 0 & \dfrac{1}{\sqrt{m_2}} & \cdots & 0 \\ \vdots & \vdots & \ddots & \vdots \\ 0 & 0 & \cdots & \dfrac{1}{\sqrt{m_n}} \end{bmatrix} \quad ⑦$$

よって、すでに求めた

$$[A] = [L]^{-1}[K]([L]^T)^{-1} \quad ⑧$$

より

$$[A] = [A] = \begin{bmatrix} \dfrac{k_{11}}{\sqrt{m_1 m_1}} & \dfrac{k_{12}}{\sqrt{m_1 m_2}} & \cdots & \dfrac{k_{1n}}{\sqrt{m_1 m_n}} \\ \dfrac{k_{21}}{\sqrt{m_2 m_1}} & \dfrac{k_{22}}{\sqrt{m_2 m_2}} & \cdots & \dfrac{k_{2n}}{\sqrt{m_2 m^n}} \\ \vdots & \vdots & \ddots & \vdots \\ \dfrac{k_{n1}}{\sqrt{m_n m_1}} & \dfrac{k_{n2}}{\sqrt{m_n m_2}} & \cdots & \dfrac{k_{nn}}{\sqrt{m_n m_n}} \end{bmatrix} \quad ⑨$$

• 実固有値解析による振動モードでは絶対値が求まらず相似比しか求まらない理由

簡単な標準的な固有値問題の計算例によって確認してみましょう。

$$[A]\{x\} = \lambda\{x\} \quad ①$$

ただし、$[A]$：正方行列
λ：固有値（*eigenvalue*）
$\{x\}$：固有ベクトル

簡単のため $[A]$ を 2 行 2 列の正方行列とすると、標準的な固有値問題は

$$\begin{bmatrix} a_{11} & a_{21} \\ a_{12} & a_{22} \end{bmatrix} \begin{Bmatrix} x_1 \\ x_2 \end{Bmatrix} = \lambda \begin{Bmatrix} x_1 \\ x_2 \end{Bmatrix} \quad ②$$

例えば、$[A] = \begin{bmatrix} 4 & 3 \\ -2 & -1 \end{bmatrix}$ として計算すると

$$\begin{bmatrix} 4 & 3 \\ -2 & -1 \end{bmatrix} \begin{Bmatrix} x_1 \\ x_2 \end{Bmatrix} = \lambda \begin{Bmatrix} x_1 \\ x_2 \end{Bmatrix} \quad ③$$

$$\left(\begin{bmatrix} 4 & 3 \\ -2 & -1 \end{bmatrix} - \lambda \begin{bmatrix} 1 & 0 \\ 0 & 1 \end{bmatrix} \right) \begin{Bmatrix} x_1 \\ x_2 \end{Bmatrix} = \begin{Bmatrix} 0 \\ 0 \end{Bmatrix} \quad ④$$

この式が成立するためには

$$\left\| \begin{bmatrix} 4 & 3 \\ -2 & -1 \end{bmatrix} - \lambda \begin{bmatrix} 1 & 0 \\ 0 & 1 \end{bmatrix} \right\| = 0 \quad ⑤$$

$$\begin{vmatrix} 4-\lambda & 3 \\ -2 & -1-\lambda \end{vmatrix} = 0 \quad ⑥$$

$$(4-\lambda)(-1-\lambda) - 3(-2) = \lambda^2 - 3\lambda + 2 = (\lambda-1)(\lambda-2) = 0$$

$\lambda = 1, 2 \quad \Leftarrow \quad$ 固有値

次に固有ベクトルを求めます。

$\lambda = 1$ のとき

$$\begin{bmatrix} 4 & 3 \\ -2 & -1 \end{bmatrix} \begin{Bmatrix} x_1 \\ x_2 \end{Bmatrix} = \begin{Bmatrix} x_1 \\ x_2 \end{Bmatrix} \quad ⑦$$

$$\left.\begin{matrix} 4x_1 + 3x_2 = x_1 \\ -2x_1 - x_2 = x_2 \end{matrix}\right\} \quad ⑧$$

この 2 つの式はいずれも

$$x_1 = -x_2 \quad ⑨$$

> **固有値解析のポイント！**
> **振動**では、振幅の絶対値が求まらないということに相当します。
> 相対値（相似な値）が求まるということです。これが**振動モード**です。

となり、x_1、x_2 の値は定まらず、比が求まるだけです。

$x_1 = 1$ とすると $x_2 = -1$、つまり

$$\begin{Bmatrix} x_1 \\ x_2 \end{Bmatrix} = \begin{Bmatrix} 1 \\ 1 \end{Bmatrix} \quad ⑩$$

このままでもよいのですが

$\sqrt{x_1^2 + x_2^2} = 1$ となるようにすることが多いので、この方法によると

$$\begin{Bmatrix} x_1 \\ x_2 \end{Bmatrix} = \begin{Bmatrix} \dfrac{1}{\sqrt{2}} \\ -\dfrac{1}{\sqrt{2}} \end{Bmatrix} \quad ⑪$$

同様にして、$\lambda = 2$ の場合の固有ベクトルを求めてみましょう。

$\lambda = 2$ のとき

$$\left.\begin{matrix} 4x_1 + 3x_2 = 2x_1 \\ -2x_1 - x_2 = 2x_2 \end{matrix}\right\} \quad ⑫$$

双方の式は、

$$2x_1 + 3x_2 = 0 \quad ⑬$$

となるので、$x_1 = -\dfrac{3}{2} x_2$

$x_1 = 1$ にすると $x_2 = -\dfrac{2}{3}$

よって

$$\begin{Bmatrix} x_1 \\ x_2 \end{Bmatrix} = \begin{Bmatrix} 1 \\ -\dfrac{2}{3} \end{Bmatrix} \quad ⑭$$

整数になるようにしてもよく

$$\begin{Bmatrix} x_1 \\ x_2 \end{Bmatrix} = \begin{Bmatrix} 3 \\ -2 \end{Bmatrix} \quad ⑮$$

もう1つの表現方法として、$\sqrt{x_1^2+x_2^2}=1$ とするためには

$$\sqrt{x_1^2+\left(-\dfrac{2}{3}x_1\right)^2}=1 \quad ⑯$$

$$x_1=\sqrt{\dfrac{9}{13}}=\dfrac{3}{\sqrt{13}} \text{ より}$$

$$x_2=-\dfrac{2}{3}x_1=-\dfrac{2}{3}\dfrac{3}{\sqrt{13}}=-\dfrac{2}{\sqrt{13}}$$

よって

$$\begin{Bmatrix} x_1 \\ x_2 \end{Bmatrix} = \begin{Bmatrix} \dfrac{3}{\sqrt{13}} \\ -\dfrac{2}{\sqrt{13}} \end{Bmatrix} \quad ⑰$$

2-13 部品やユニットの固有振動数の値をある範囲内に抑え共振回避するための設計計算法の例

下記の設計計算を理解して、機械設計時に応用展開してみましょう。

下図のような片持ちはりのばねの先端に質量 m をつけた系の固有振動数 f_n を $f_1 < f_n < f_2$ となるように設計したい。はりの質量を無視できるとして以下の数値が与えられたときのはりの長さ l の範囲を求めよ。

はりの厚さ $h = 0.5$ (mm)、幅 $b = 10$ (mm)、ヤング率 $E = 206$ (GPa)、質量 $m = 10$ (g)、$f_1 = 5$ (Hz)、$f_2 = 20$ (Hz)

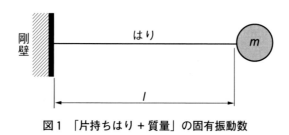

図1 「片持ちはり＋質量」の固有振動数

【解答】

片持ちはりの先端のばね定数 k は、断面2次モーメントを I として次式で表される。

$$k = \frac{3EI}{l^3},\ I = \frac{bh^3}{12}$$

固有振動数 f_n は次式で表される。

$$f_n = \frac{1}{2\pi}\sqrt{\frac{k}{m}} = \frac{1}{2\pi}\sqrt{\frac{3EI}{ml^3}}$$

よって、

$$f_1 < \frac{1}{2\pi}\sqrt{\frac{3EI}{ml^3}} < f_2 \quad \text{よって} \quad \frac{1}{f_2^2} < \frac{4\pi^2 ml^3}{3EI} < \frac{1}{f_1^2}$$

数値を入れて計算を行う。

$$\frac{1}{20^2} < \frac{4\times\pi^2\times 10\times 10^{-3}\times l^3}{3\times 206\times 10^9\times \{10\times 10^{-3}\times (0.5\times 10^{-3})^3/12\}} < \frac{1}{5^2}$$

0.742 [m] < l < 0.187 [m]

よって

71.4 [mm] < l < 187 [mm]

2-14 有限要素法の実固有値解析による機械カバーの問題点の抽出と対策

　某会社にて図1の丸穴12ヶ所全てをSHボルトで締結した機械をある時間稼動させるとB部のボルトが破損してしまうという問題が発生し、問題点を抽出し一番簡便でコストの安い対策案を提示してほしい旨のご依頼を頂きました。

　当社で実固有値解析を行いました。

　実固有値解析の結果は図2となりました。

　図2を検討した結果、図3が最も簡便かつコストパフォーマンスのよい対策であるとしてお客様に提示しました。実際にこの対策をしていただいた結果、問題が解決されたという連絡を頂きました。

　この実際例は有限要素法による解析としては簡単なものですが、このように容易に有限要素法による振動解析をしたいというご要望は多々あると考えられるので、設計者には大変有用であると考えます。設計段階でボル

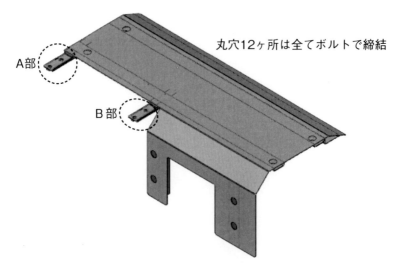

図1　対策前の機械のカバー

ト締結箇所を感覚ではなく理論的に決めたいときは、このように簡便に有限要素法による実固有値解析を行うとよいです。この例はまさに設計段階で簡単にできる有限要素法による実固有値解析です。

1次モード：
固有振動数：112Hz

2次モード：
固有振動数：163Hz

3次モード：
固有振動数：175Hz

4次モード：
固有振動数：205Hz

5次モード：
固有振動数：230Hz

図2　実固有値解析（1～5次モード）

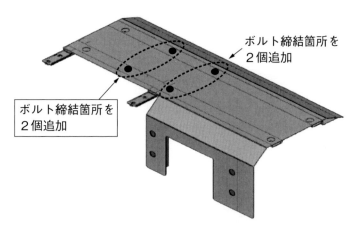

図3　問題点に対する解決策

2-15 実例で考えよう！ 実際の機械設計にて静剛性と動剛性はこんなに違う！

以前、ある会社の機械の設計部長から下記のご連絡を頂きました。

「自社の工場内にある機械が設置されており、駆動源はモータ。この機械を稼動させると大きな振動が発生し、それに伴い発生する騒音も大きいので、なんとか小さくしたい。

自社の機械設計部門で検討した結果、原因は剛性が足りないのだろうということになりリブを追加することにより剛性をアップした。もともとは図1のような構造であったがリブを追加することにより剛性をアップさせた。このときの構造を示したのが図2であり、剛性アップのために追加したのは図2のリブ板であった。このように剛性をアップしたにもかかわらず、以前と全く同じ加工をしたとき、図2の構造のほうが図1のときより振動と騒音が共に大きくなってしまった。この原因を明らかにして対策案を考案してほしい。」

というものでした。

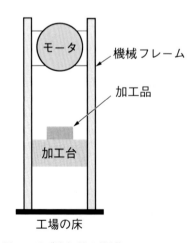

図1 リブ追加前の機械

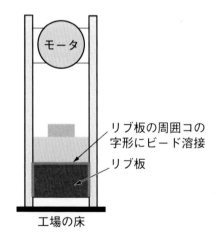

図2 リブ追加後の機械

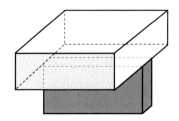

図3　図2のリブ板と加工台の拡大図

　皆さんは、この原因と対策についてどのように考えるでしょうか？

　このご連絡を頂いてから、この会社と第1回目の打合せをさせて頂きました。

　下記は私の記憶ですので、多少不確かなこともあると思いますがだいたいこのような感じでした。

　この会社の技術屋さんの話しを聞きながら、最初の段階で私の頭に浮かんできたのが、

「静剛性と動剛性の区別がついていないのかな？ 静剛性と動剛性を混同されているのかな？」
ということでした。

　図2の構造は図1の構造よりも剛性はアップしています。それは静剛性がアップしたのであり動剛性がアップしたのかどうかはわかりません。

　図2の構造にしてから機械を稼動させたら、同じ条件で稼動させた図1よりも振動と騒音が大きくなってしまったということですから、動剛性は低下したと考えられます。

　この機械のフレームの材質はSS400で厚みは30 mmくらいでした。この機械の加工台はかなり大きな鋼の塊という感じでした。

　この機械に取付けたリブは材質がSS400で厚さが確か12 mmでした。他のメイン部材と比較するとリブ板の厚みがかなり薄いという感じです。

　これを結論的に表現すると下記になります。

「リブを追加しているのですから静剛性は確かにアップしています。しかし、動剛性という観点から考えるとこの構造の中でリブ板が強度的に一番弱いところになり、水が高いところから低いところに流れるのと同じように、ここに全ての振動エネルギが流れ込みこのリブ板が大きく曲げ振動（面外振動）し、機械フレームなどの振動とそこから放射される振動放射音が大きくなってしまったのです。」

実際には、この結論を得るために実験解析なども行いましたが、データなどは省略します。

次にこの振動と騒音を小さくするための対策案です。このリブ板は動剛性的には一番強度的に弱い部分を設計したのと同じですので、ここの振動が一番大きくなったのですから、逆に考えると好都合ということになります。ということで、ここにこのリブ板より一回り小さい大きさで厚さ 1.2 mm の SPCC を数枚用意し、バカ穴を千鳥上に 12ヶ所くらいあけてボルトナットで締結しました。

これにより、この機械が稼動したときにより大きな摩擦減衰が発生しますので、これにより振動エネルギを低減させ、振動放射音を 5 dB 低減させました。

この対策は低価格でメンテナンスフリーに近いものになっており、対策としては理想的です。

ここで、下記のような教訓が得られます。

多くの機械の設計エンジニアは静剛性と動剛性を区別せずに単に剛性と呼んで扱っておられるようですが、この弊害として上記のような問題が発生することがありますので、静剛性と動剛性を設計時から技術的に正しく区別して取り扱うべきと考えます。

2-16 ねじり振動系を直線振動系に置き換えて固有振動数を計算する方法

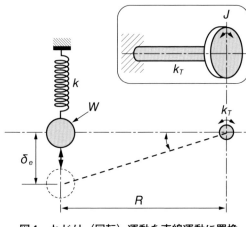

J：重量慣性モーメント

k_T：ねじりばね定数

R：ねじり振動系を直線振動系に置き換えるための慣性半径

δ_e：相当静たわみ

W、k：相当静たわみ δ_e を与えることに相当する直線振動系での重量とばねばね定数

図1　ねじり（回転）運動を直線運動に置換

(1) 計算手順

① 下記を定めます。

  重量慣性モーメント：J (kg f cm^2)

  ねじりばね定数 ：k_T (kg f cm/rad)

慣性モーメントには、重量慣性モーメントと質量慣性モーメントがある。

このような単位を使用すると下記の固有振動数を求める式が得られる。

② 相当静たわみ δ_e を求めます。

$$\delta_e = \frac{J}{k_T}$$

下添え字の e は equivalent を表す。

下添え字の T は Torsion を表す。

③ δ_e を cm 単位とし、次式で f_n を求めます。

$$f_n = \frac{5}{\sqrt{\delta_e}}$$

相当静たわみを用いると固有振動数を求める式の形が直線振動系の場合と同じになる。

(2) 相当静たわみを使用したねじり振動の固有振動数を求める式の導出

下記に、$f_n = \dfrac{1}{2\pi}\sqrt{\dfrac{k_T}{J/g}} \Rightarrow f_n = \dfrac{5}{\sqrt{\delta_e}}$ を導出します。(ポイント：ねじり振動を直線振動に置き換えます。)

回転体の重量慣性モーメント(質量慣性モーメントではない)を J、その重量を W、慣性半径を R とします。すると

$$J = WR^2 \quad ①$$

このようにすると、J を半径 R の位置における重量 W で置き換えることができます。

ねじりばね定数 k_T は、この半径 R の位置での仮想的なばねのばね定数 k で置き換えることができます。その関係は

$$kR^2 = k_T \quad ②$$

以上より、下記のように式を変形します。

$$f_n = \dfrac{1}{2\pi}\sqrt{\dfrac{k_T}{J/g}} = \dfrac{\sqrt{g}}{2\pi}\sqrt{\dfrac{k_T}{J}} = \dfrac{\sqrt{g}}{2\pi} \cdot \dfrac{1}{\sqrt{J/k_T}} = \dfrac{\sqrt{g}}{2\pi} \cdot \dfrac{1}{\sqrt{\delta_e}} \quad ③$$

cm の単位で計算すると

$$f_n = \dfrac{5}{\sqrt{\delta_e}} \quad ④$$

になります。ところで、相当静たわみ δ_e の本質は

$$\delta_e = \dfrac{J}{k_T} = \dfrac{WR^2}{kR^2} = \dfrac{W}{k} \quad ⑤$$

つまり、相当静たわみ δ_e は

「ねじり振動系を直線振動系で置き換えたとき、慣性半径 R の位置での静たわみに相当する」

ということになります。

2-17 スティック・スリップの場合の自励振動のモデル化と相対速度依存性

　自励振動とは、一言で表現すると、物体に振動させるような力が働いていないのに振動し振幅が増大し破損・破壊につながる現象のことです。自励振動には翼の曲げねじりフラッター振動、ジャーナル軸受けに発生するオイルホイップ、送電線に生じるギャロッピング振動、鉄道車両の蛇行振動、自動車のシミー振動、切削加工におけるびびり振動、係数励振振動などいろいろな種類がありますが、ここではスティック・スリップ（固着―滑り現象）による自励振動について記します。

　スティック・スリップによる自励振動をモデル化したのが図1です。
　すべり摩擦力を $f(v_0-\dot{x})$ とすると

$$m\ddot{x} = -kx + f(v_0-\dot{x})$$
$$\approx -kx + f(v_0) - f'(v_0)\dot{x}$$

そして

$$f(v_0) = a, \quad -f'(v_0) = b$$

とおくと

$$= -kx + a + b\dot{x} \quad ①$$

ここで、下記の変数変換を行います。

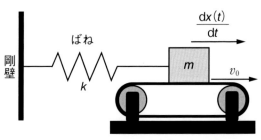

図1　スティック・スリップのモデル化

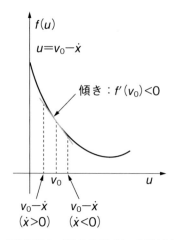

図2　すべり摩擦力（乾性摩擦力）の相対速度依存性

$$\xi = x - \frac{a}{k}$$

$$\frac{d\xi}{dt} = \frac{dx}{dt} \quad ②$$

$$\frac{d^2\xi}{dt^2} = \frac{d^2x}{dt^2} \quad ③$$

②、③式を①式に代入すると

$$m\left(\frac{d^2\xi}{dt^2}\right) = -k\left(\xi + \frac{a}{k}\right) + a + b\frac{d\xi}{dt} \quad ④$$

$$m\frac{d^2\xi}{dt^2} - b\frac{d\xi}{dt} + k\xi = 0 \quad ⑤$$

⑤式における $-b$ が「負の抵抗」、すなわち「負の減衰」を表し、このときに自励振動の一種であるスティック・スリップ（固着—滑り現象、摩擦振動現象）が発生していると考えられます。

これは振動工学の観点から考えたときの説明ですが、制御工学の観点から説明すると、ネガティブ・フィードバック系で位相が180°遅れ、フィ

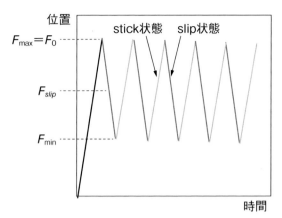

$F_{max}=F_0$：最大静止摩擦力
F_{min}：最小静止摩擦力（速度＝0）
F_{slip}：動摩擦力

図3　スティック・スリップの振動

ードバックゲインが1より大きいときと考えることができます。制御工学の観点から自励振動を研究されているかたもおられます。

　図3は、スティック・スリップ振動がどのような振動であるのかを表した図です。

2-18　実務エンジニアリングの観点からのパッシブ（受動）消音とアクティブ（能動）消音

　まず、消音とは文字通り音を消すことなのでしょうか？

　音や騒音の分野いうところの消音とは音や騒音を小さくすることをさします。

　大気圧の分野で真空というと絶対真空のことではなく、大気圧よりも小さい圧力を真空と呼ぶのと同じような考え方です。

　パッシブとは日本語では「受動」であり入ってきた音に対して「受動的に音を小さくする」ことを指します。具体的には、入ってきた音に対してグラスウールなどの吸音材料や遮音材料を使用して音を小さくすることです。

　「音のパッシブ制御」とは、入ってきた音に対して、吸音材だけでなく遮音材をも使用して音を制御することを言います。これは昔から現在に至るまで行われている方法で、これから先もずっと使用され続けるでしょう。遮音材や吸音材は自動車の車室内の音の制御にも以前から使用され続けています。電動車（EV車）ではエンジン車と比較するとこれらの材料が使用される場所や量が違ってきています。

　これに対し、アクティブ消音は、騒音をセンサで検出し、それと逆位相の騒音を発生し、もとの騒音に重畳することにより騒音を小さくするというものです。

　「音のアクティブ制御」は英語では、Active Noise Control なので頭文字をとって ANC とも呼ばれています。

　ANC の基本的な原理図は**図1**になります。

　パッシブ（受動）消音とアクティブ（能動）消音の短所と長所は下記の通りです。

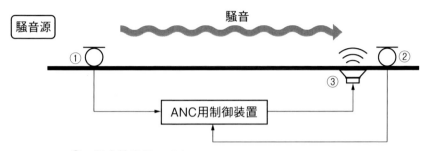

①：騒音検出用マイク
②：騒音の誤差検出用マイク（誤差マイク、評価点でのマイク）
③：逆位相の騒音を出す付加音源（スピーカ）

図1　ANCの基本原理図（適応制御）

(1) パッシブ・ノイズ・コントロール（PNC）

［短所］

① パッシブ・ノイズ・コントロールは低周波音の減音が苦手。特に約 500 Hz 以下。
② パッシブ・ノイズ・コントロールでは、一般に吸音材、遮音材、空気層、消音ダクト（サイレンサ）などの設置スペースが必要。

［長所］

① いろいろな吸音材や遮音材が市販されているので、短納期でこれらの材料を入手しやすく、比較的容易にパッシブ・ノイズ・コントロールを実施することができる。
② 電子回路や駆動ソフトが必要ない。
② ランニングコストがかからない。

(2) アクティブ・ノイズ・コントロール（ANC）

［短所］

① 技術的に高度な電子回路や駆動ソフトが必要。

② 稼働中はつねに逆位相の音を出さないといけないので、電気使用によるランニングコストがかかります。
③ 多チャンネル化しても広い空間の消音が困難。

［長所］
① 低周波音の減音が得意。特に約 500 Hz 以下。
② パッシブ・ノイズ・コントロールのような設置スペースが不要。

ハイブリッド消音という方法もあります。これは、約 500 Hz 以下はアクティブ・ノイズ・コントロールで、約 500 Hz 以上はパッシブ・ノイズ・コントロールでというように、広帯域の騒音を制御するのに有効です。

ANC 制御装置内の適応制御用ディジタルフィルタを FIR フィルタ（有限インパルス応答ディジタルフィルタ）としたときのブロック線図は図 2 になります。

FIR 適応ディジタルフィルタと誤差との関係は図 3 になります。

ANC の制御には適応制御理論が使用され、これをリアルタイムで成立させるためにディジタルフィルタを使用し、リアルタイムにこのフィルタのタップ係数を変更し、誤差評価点での騒音を小さくするために騒音の二乗誤差を最小にする目的で最急降下法が使用されます。

IIR 適応ディジタルフィルタ（無限インパルス応答ディジタルフィルタ）を使用すると、タップ数がかなり少なくてすむので、リアルタイム性がFIR のときより大幅に改善されますが、不安定になることがあるので注意しなければなりません。

ANC における消音ルゴリズムの代表的なものに「Filtered-X LMS アルゴリズム」というのがあります。これは最小 2 乗法である LMS アルゴリズムを改良したものです。制御技術において X は多くの場合、入力を表します。この場合もそうです。ですから、Filtered-X で入力 X にフィ

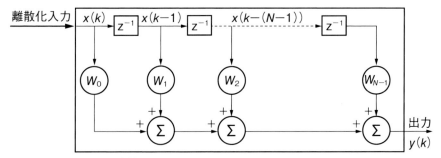

z^{-1}：z 変換
W_0、W_1、W_2…W_{N-1}：FIRディジタルフィルタのタップ係数

図2　FIR適応ディジタルフィルタ

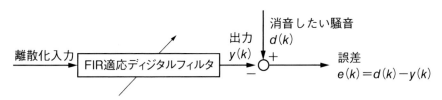

図3　適応ディジタルフィルタと誤差の関係

ルタを通したもの、入力を加工したもの、ということになります。どこを加工したかというと、LMSアルゴリズムでは2次音源（付加音源）から評価点（誤差検出マイク）までの音の伝達特性が加味されていないので、入力にこの特性を加味したという意味です。

Filtered-X LMS アルゴリズムにおけるタップ係数（タップ重み）の更新式は下式の通りです。

Filtered-X の部分を FIR フィルタで近似したときのフィルタ係数を G とすると

$$W(k+1)=W(K)+2\mu e(k)G*X(k)$$

ただし、μ：ステップサイズパラメータ（毎回のタップ係数の書き換えにおける補正量の大きさを制御するパラメータ）

$$\mu \approx 0.01 \sim 0.001 \text{ （目安）}$$

＊の記号は、たたみ込み積分（$convolusion$）を表します。特性 G は 2 次音源（付加音源）から評価店でのマイク（誤差検出マイク）までの音響伝達特性であり、特性 G の推定値を得る方法は、

1. 誤差経路の周波数特性を実測し、その結果を逆フーリエ変換し、得られたインパルス応答を FIR フィルタの係数とする方法。
2. 適応アルゴリズムを用いて誤差経路の特性を同定する方法。これを適応同定と呼びます。

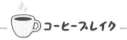

● 日本における ANC の歴史的経緯の概略

　日本で ANC が実用化されたのは、当時の東京電機大学の某先生が某企業との産学協同研究で、コンサートホールなどの空調騒音の消音に ANC を使用されたのが日本で最初くらいだったと記憶しています。この頃、某社の車種に試験的に ANC が搭載されました。今から 30 年くらい前だったと記憶しています。

　それから数年して某社の冷蔵庫で 400 リットルタイプの冷蔵庫に ANC が搭載されました。ANC を搭載することにより原価が 5 万円アップし、販売価格を抑えるために ANC を搭載した冷蔵庫の販売価格も 5 万円アップに抑えていました。

　この頃、某社が、工場内での作業者用に ANC によるヘッドホンを販売しはじめました。このヘッドホンの電源は単一の乾電池でしたが消耗が早いという問題点がありました。そこで、この会社の課長が当社にこの ANC ヘッドホンを使用して評価してほしいと持ち込みました。上記の ANC を使用した各商品は時期尚早だったのか、または商品によっては上記の電源のように技術的に未成熟なところがあったのか、さほど売れてはいなかったようです。

　その後の多少の停滞期を経ましたが、現在、民生品としてはボーズやソニーなどの ANC ヘッドホンが売れているのはご存知の通りです。

　私も東京電機大学との産学協同研究で油圧ユニットをカバーで囲い、付加音源をとりつけ ANC で 17 dB 騒音を低減した経験などがあります。このときに使用した消音アルゴリズムは、擬似周期性騒音の消音に特化した Synchronized Filltered-X LMS Algorithm でした。

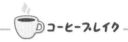

• 実務における要領のよいアクティブ・ノイズ・コントロールの使い方

　ダクトの直径が約 0.5 m 以下のダクトを伝搬する騒音は、平面波として近似できるので、3 次元ではなく 1 次元の音波として消音制御できるので 3 次元のときよりはだいぶ容易に制御できます。

　広い空間をアクティブ・ノイズ・コントロールで消音する場合は、多くの狭い領域に分割してアクティブ・ノイズ・コントロールを行うという方法もありますが、ランニングコストがかさんでしまい、実用的とは言いがたいようです。広い空間のアクティブ・ノイズ・コントロールは現在でもこの分野の研究者によって研究されています。

• いろいろな制御理論について

　解析的な制御ができるときには、PID 制御理論（古典制御理論）、最適制御理論に代表される現代制御理論、H∞ 制御理論に代表されるポスト現代制御理論が使用されます。フィードフォワード制御を含むこれら制御理論は振動制御によく使用されます。

　解析的な制御ができないときは、最急降下法を使用した適応制御理論などが使用されます。ここでも説明しましたように、適応制御理論は騒音の ANC などによく使用されます。

2-19 工場の防音対策を安価に行う方法は? 防音工事は防音工事屋でなく自分たちだけで十分できます!

　周波数の高い音は、吸音材や遮音材でコントロールしやすいです。中小のプレス工場や板金工場はあまり大きくないので、これらの工場の防音工事では工場ごと、つまり工場の壁・天井全体に遮音材や吸音材を使用して防音対策をすることが少なくありません。

　このとき防音工事前の壁や天井からたる木を使用して、100 mm くらい離して（これを空気層と呼びます）新たな遮音材を取り付けると低い周波数を取り除くのに効果的です。

　一番安価な外壁材としてサイディング材があります。サイディング材だけでも 10〜15 dB くらいは音響透過損失がありますので、10 dB くらい防音効果を出したいのであればサイディング材で十分ということになります。

　私はプレス工場や板金工場の防音工事もいくつもやらせてもらいましたが、外装材はサイディング材で十分な場合がほとんどでした。

　吸音材は不織布で包んだものが市販されていますので、このタイプの吸音材としてよく使用されるグラスウールを工場の内壁に取り付けました。グラスウール材をつつんだ不織布の表面には損傷防止のために金網をとりつけました。吸音材を使用しないと工場内が拡散音場化され、工場内がうるさくなり、工場内での会話の明瞭度が低下してしまいます。

　ここに書いたことが理解できれば、工場の防音工事を高い費用で防音工事の専門業社にやってもらう必要がなくなり、自分達だけで十分行えるということになります。

2-20 空気中での音の吸音率と超低周波音対策の実際例

音が空気中を伝搬するとき、周波数が高ければ高いほど、空気中での減衰が大きくなります。反対に、周波数が低ければ低いほど、空気中での減衰が小さくなります。

建築現場では低い音がけっこう発生します。新幹線などの鉄道が橋脚を通過するときにも低い音がかなり発生します。

これらの低い音は空気中での減衰があまり無いので、遠くまで伝わります。

低い音の発生場所から数キロメートル離れた民家で低周波の騒音公害として問題になるということもあります。

表1より、周波数が高くなると空気中での減音量が大きくなることがわかります。

表1 空気中での音の吸音率

周波数 (Hz)	温度 (℃)	減衰量 (dB/100 m)		
		相対湿度 (%)		
		30	50	90
500	0	0.28	0.19	0.16
	20	0.21	0.18	0.14
1000	0	0.96	0.55	0.38
	20	0.51	0.42	0.34
4000	0	7.7	6.34	4.45
	20	4.12	2.65	2.14

これに関する件で、私が技術コンサルタントとして実際に経験した内容を記します。

このお客様は、大きなプラント工場です。敷地面積は東京ドームの約5倍くらいでしょうか。この敷地中ところ狭しという感じでいろいろな機械や多くの配管だらけという感じでした。この会社の敷地境界線近傍の複数の民家から下記のような苦情が多数この会社に寄せられました。

　この工場が朝、操業開始すると

1. 民家の窓ガラスがガタガタ揺れる。
2. 民家の室内の仏壇の観音扉がユサユサ揺れる。

　実は、私にこの苦情対策のご依頼を頂いたときは、この苦情が発生し始めてから3年が経過していたとのことで、この会社の工場長がこの問題に対する住民説明会に数回出席し、そのたびにこの問題の解決に努力されてきたそうですが、結果的に有効な対策をすることができなかったということで、私がこの問題対策のために呼ばれたときは、至急上記の問題を対策しなくてはならない状況でした。
　しかしながら、この問題を解決するためには下記の一連の作業を行わなければならず、問題解決のための対策を実施するまでに最短でも1年はかかるので、それを承知して頂いた上でこの仕事を引き受けさせて頂くことにしました。

1. 苦情を寄せられた敷地境界線近傍の民家から1件を選び苦情が発生しているときと発生していないときで、その民家にて低周波音を含む騒音と地盤振動を測定し、パワースペクトル分析と1/3オクターブ分析を行う。

2. 上記のパワースペクトル分析から顕著なピークを発生している周波

数を求め、その周波数を発生する機械装置を工場内の多くの機械装置の中から同定する。

3. 工場の休日に、同定した機械装置だけを稼動させて、低周波音と地盤振動を測定し、パワースペクトル分析と1/3オクターブ分析を行い、すでに取得したデータと比較検討し苦情の原因が同定した機械装置であることを検証する。

4. 工場の休日に先に選んだ民家宅に口径の大きいスピーカを搬入する。信号発生器から1番ピークの大きい周波数のピュアトーンを測定値と同じ大きさで発生させこのスピーカを鳴らす。この低周波音だけでこの民家の窓が揺れ、仏壇の観音扉が揺れるかを実際に確認する。この低周波音で窓や仏壇の観音扉が揺れないときは、地盤振動が苦情の原因であると同定できる。

5. 民家宅で測定した低周波音がこの苦情の原因であるときも、地盤振動がこの苦情の原因であるときも、工場内にて同定した機械装置の振動が原因でると考えられるので、この機械装置が発生している低周波振動を低減するための具体的な方法を考案し、それを基にして対策案の開発・設計・現地施工を行い苦情が発生しないようにするための対策を実施する。

上記の1～5を行うので、本来は1年以上ほしかったのですが、何度も最短で苦情対策をしてほしいとのご依頼を頂きましたので、1年間で終了するスケジュールを組み、この仕事を完了させました。

2-21 （通常の事務所や工場などでは対象とする機械の騒音を正しく測定できません。音響反射や定在波が生じるからです。）定在波により実際に発生した騒音問題とその解決のしかた！

　事務所、会議室、工場内では壁、天井、床などで音が反射します。反射の程度はこれらを構成している材料、構造、表面の仕上げ方などによってまちまちです。

　例えば、残響室のコーナー部では約 6 dB 音圧レベルが大きくなってしまうといわれています。事務所、会議室、工場内のコーナー部ではここまではいきませんが、音圧レベルが数 dB 上昇してしまいます。コーナー部でなくても、音圧レベルが上昇します。これがそのままこれら空間内での音圧レベルや騒音レベルの測定値に誤差として含まれてしまうわけです。よって、正確に音・騒音を測定するためには、音響反射のない空間で測定しなくてはならないということになります。

　人工的にこの条件を満たす部屋として、無響室というものが考案され使用されています。これは、部屋の壁、床、天井の全てにグラスウールの吸音材を貼りつけたものです。といっても吸音材だけでは、低い周波数（数百 Hz 以下）の吸音率が小さいのでこれを補うために、空気層というものを作り、低い周波数から高い周波数までの音響反射を極力小さくし、外部騒音が入ってこないように音響透過損失を大きくするように設計された音・騒音の精密測定用の部屋です。

　どんなに費用をかけて音響反射をなくそうとしてもゼロにすることはできず、波長を λ としますと、壁から $\lambda/4$ の距離までは音響反射が存在すると考えるのが無難と言われており、このスペースでは音・騒音の測定を避けたほうがよいと言われています。

　またその構造上、無響室には重い測定対象を設置できないので、重い測

定対象を設置したい場合は、床だけコンクリート仕上げの半無響室という部屋を使用します。さらに、音響反射があると定在波が発生しこれも測定値にけっこうな影響を与えます。ですから、無響室、半無響室ともに定在波が発生しない（しにくい）構造になっていますので、定在波の発生対策としても有効になっています。

無響室、半無響室ともに夏や冬にも使用できるようにするために特殊な低騒音・低振動エアコンを設置するのが普通ですので、総工費は部屋の大きさにもよりますが、1億円を超えることも少なくありません。音・騒音を正確に測定するには膨大な費用がかかるので大変です。

次に、この定在波に関する案件で、実際の技術コンサルティングにて遭遇した内容を記します。

某大手のメーカーはこの会社の商品のマニュアル印刷用に業務用の印刷機を導入されました。実はこの会社、これと全く同じ業務用の印刷機を5年前にも購入されていました。今回はそれと同じ設計図面で作成した全く同じ印刷機を要望され購入されました。今回の印刷機は5年前に購入された印刷機とは全く別の部屋に設置されました。

全く同じ印刷機なのですが、今回納入した印刷機のほうがかなりうるさいということで、この状況では検収をあげないと言われ、この印刷機メーカーは困りはて、いろいろ探して当社にたどりついたということでした。販売価格が1億2千万円もする印刷機なので、何とか検収をあげ、売り上げ金を1日もはやく回収したいとのことでした。

ということで、この印刷機メーカーのかたと私で早速、納入先の会社に行きました。印刷機械を納入した部屋に入り、印刷機を稼動させ、部屋の中を少し歩きました。そして、はたと思いました。5年前に納入した印刷機より今回の印刷機の騒音のほうがはるかにうるさいと言われる原因は、「定在波」だと。

なぜ、このように判断したかと言いますと、部屋の中を歩いたときに、場所によって騒音が大きく場所によって騒音が小さくなっていたからでした。騒音計やFFTなどの分析器を使う必要はありません。耳で聞いただけで原因がはっきりわかりました。

　このような定在波は部屋の構造、使用部材、表面仕上げのしかたに依存して発生するので、別な言い方をすると、建築音響的に発生している音と言うこともできます。建築の分野では建築音響学という技術分野があるくらいです。

　さっそくこのことを、印刷機を購入して頂いたお客様に次のように説明させて頂きました。

　「今回納入した印刷機は、5年前に納入させて頂いた印刷機と全く同じ設計図面で製造していますので、機械自体が発生する騒音は印刷の内容が全く同じであれば、騒音レベルは全く同じです。違うのは、5年前に納入させて頂いた印刷機が設置されている部屋では、（幸運にも）定在波は発生していないようでしたが、今回納入させて頂いた印刷機が設置された部屋では不運にも定在波が発生してしまったので、今回の印刷機の騒音レベルに定在波が加わり結果的に騒音レベル大きくなってしまったことです。これはこの部屋による音響的な影響の結果であり、印刷機本体から出ている騒音は5年前に納入させて頂いた印刷機の騒音と同じです。」

　これに対し印刷機を購入されたお客様は、私の技術的な説明はそれなりに理解できたが、本当に定在波が原因であるということを立証してほしいと言われました。

　そこで私は、グラスウールなどの吸音材がありませんか？と試しに尋ねました。すると、以前イベントで使用したグラスウールが倉庫にあると言われましたので、早速それを部屋の対向した壁の両面に立てかけたことにより定在波の発生が減少しました。これにより明らかに今回納入した印刷機が設置されている部屋での騒音レベルが耳で聞いてわかるくらい減少

しました。定在波がほんどなくなっているという事も確認できました。

　これにより、その場で検収書類に検収印を頂くことができ、めでたしめでたしということになり、印刷機を販売された会社のかたから大変感謝されました。

　実はこの印刷機、納入してから10ヶ月も検収をあげることができず、すなわち1億2千万円の代金の回収のめどがつかず困り果てていたということでした。

2-22 実務ですぐに使える実験データによる慣性モーメントの求め方とは?

コンロッドは、熱間鍛造で形成され、材質にはクロームモリブデン鋼（通称、クロモリ、SCM435 など）や炭素鋼（S55C など）などが用いられます。小型汎用エンジンなどでは鍛造、ダイキャストまたは重力鋳造で成型されたアルミ合金が用いられることがあります。

写真1　コンロッドの例　　写真2　コンロッド + クランクシャフト + ピストンの例

下記はコンロッドの慣性モーメントの計算例題です。

図2の(a)図を見てみましょう。

コンロッドの一端の中心 O を軸にして、振幅の小さな自由振動をさせます。線形の範囲内で自由振動をさせるということです。

この自由振動の振動数（周波数）は固有振動数に一致します。30 サイクル振動させてその

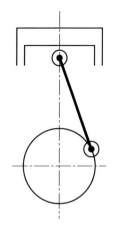

図1　コンロッドの結合

振動している時間をストップウォッチで何回か計測してその平均をとると32.6秒でした。

次に(b)図を見てみましょう。

コンロッドを(a)図とは逆にして、大端部の中心O'を軸にして同様のことをしたら30サイクルの継続時間の平均値が29.8秒でした。

このコンロッドの質量が2.2 kg であるとすると、重心 G まわりの慣性モーメントはどのくらいの値になるでしょうか？

この計算例題は、下記の書籍より「許諾のうえ改変」しております。
鈴木浩平編著、ポイントを学ぶ振動工学、丸善株式会社（1993年3月発行）

コンロッドの質量を M、その重心 G から l だけ離れた任意の点（OO'上）を通る軸に関する慣性モーメントを J_l とすると、回転軸Oに関する回転

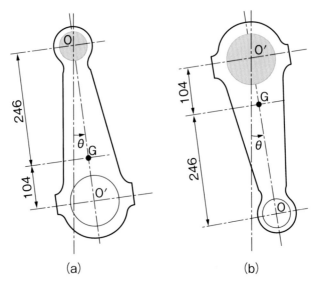

図2　コンロッド

運動の運動方程式は

$$-Mgl\theta = J_l\ddot{\theta} \quad ①$$

①式より

$$J_l\ddot{\theta} + Mgl\theta = 0 \quad ②$$

②式の両辺を J_l で割って

$$\ddot{\theta} + \frac{Mgl}{J_l}\theta = 0 \quad ③$$

③式より、固有角振動数（角速度）ω_n（rad/sec）は

$$\omega_n = \sqrt{\frac{Mgl}{J_l}} \quad ④$$

固有振動数 f_n（Hz）は

$$f_n = \frac{1}{2\pi}\sqrt{\frac{Mgl}{J_l}} \quad ⑤$$

この時の周期 T（sec）は

$$T_0 = \frac{1}{f_n} = 2\pi\sqrt{\frac{J_l}{Mgl}} \quad ⑥$$

⑥式に、$M=2.2$（kg）、$l=0.246$（m）、$T_0=\dfrac{32.6}{30}=1.09$（sec）を代入すると J_l は

$$J_l = \frac{MglT_0^2}{(2\pi)^2} = \frac{2.2 \times 9.80 \times 0.246 \times 1.09^2}{6.28^2} = 0.160 \,(\text{km}\cdot\text{m}^2)$$

平行軸の定理より、$J_l = J_G + Ml^2$

$$J_G = J_l - Ml^2 = 0.160 - 2.2 \times 0.246^2 = 0.0269\,(\text{kg}\cdot\text{m}^2) \quad ⑦$$

同様にして、(b) 図の O' 軸中心の振動の場合について考えると、

$$T_0{'} = \frac{29.8}{30} = 0.993\,(\text{sec})$$

$$J'_l = \frac{2.2 \times 9.80 \times 0.104 \times 0.993^2}{6.28^2} = 0.056 \,(\mathrm{kg \cdot m^2})$$

よって

$$J'_G = 0.056 - 2.2 \times 0.104^2 = 0.0322 \,(\mathrm{kg \cdot m^2})$$

これより、同定する重心まわりの慣性モーメント $\overline{J_G}$ は、J_G と J'_G の平均をとって

$$\overline{J_G} = \frac{0.0269 + 0.0322}{2} = 0.0296 \,(\mathrm{kg \cdot m^2})$$

この同定（推定）方法は、この例題に限らず、実務にてさまざまな剛体の慣性モーメントの推定に活用できます。

2-23 動吸振動器(ダイナミック・ダンパー)を設計するための最適設計理論とは?

〈動吸振器のシミュレーションと計算例題〉

図1において成立する①式～③式を連立させて動吸振器設計のための最適設計理論を導く。

$$M\frac{d^2x}{dt^2} + C\frac{dx}{dt} + Kx = f - f_d \quad ①$$

$$f_d = k_d(x - x_d) + c_d\left(\frac{dx}{dt} - \frac{dx_d}{dt}\right) \quad ②$$

$$f_d = m_d\frac{d^2x_d}{dt^2} \quad ③$$

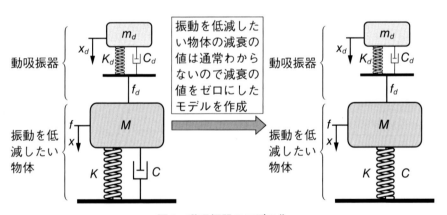

図1 動吸振器のモデル化

下記の④～⑥式を動吸振器の最適設計理論と呼びます。動吸振器の設計に際しては④～⑥式が重要でこれらの式による計算ができれば①～③式の微分方程式を理解できなくても何の問題もなく動吸振器を設計できます。

この最適設計理論は、定点理論とかP点Q点理論とも呼ばれています。

$m_d = \mu M$　　④

$k_d = m_d(K/M)/(1+\mu)^2$　　⑤

$c_d = 2\sqrt{m_d k_d}\sqrt{3\mu/[8(1+\mu)]}$　　⑥

ただし、M：振動を低減したい物体の質量（既知とする）

K：振動を低減したい物体の剛性（既知とする）

m_d：動吸振器の質量

k_d：動吸振器の剛性

c_d：動吸振器の減衰

μ：質量比

なお、動吸振器が有効なのは、図1における振動を低減したい物体の周波数が50 Hzくらいまでと言われています。この周波数の範囲内であれば動吸振器が振動を低減したい物体に対して逆位相で動いてくれるからというのが理由です。しかし、筆者の経験では、状況にもよりますが、100 Hzくらいまでなら100％ではないにしても動吸振器の効果が得られるのではないかと考えています。

〈最適設計理論による動吸振器の設計手順〉

(1) 質量比を決める

　　設計するときのポイントは、最初に設計者が質量比を決めないといけないということです。

　　質量比μの値は0.1～0.2の間にしないと動吸振器の効果が望めません。これは、動吸振器の設計における技術ノウハウの一つです。

　　例えば、$\mu=0.15$のように決めます（決めつけます）。

(2) ④式の右辺に$\mu=0.15$を代入し、動吸振器の質量m_dを求めます。

(3) ⑤式より動吸振器の剛性k_dを求めます。

(4) ⑥式より動吸振器の減衰c_dを求めます。減衰については、これにより求めた減衰値c_dにピタリと一致するようにするのは困難なので参

考値として取り扱えばよいでしょう。

＊図2〜図6は、下記を参考にして筆者がVisual Basic でソフトを作成し、シミュレーションしたものです。
（日本機会学会、機械システムのダイナミックス入門、丸善株式会社）

〈例1〉

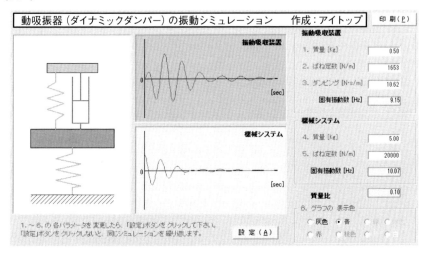

図2　動吸振器の質量比を0.1にした場合の振動シミュレーション

〈例2〉

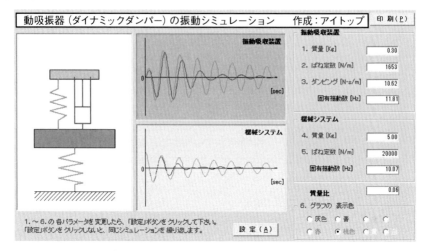

図3 動吸振器の質量比を0.06にした場合の振動シミュレーションを重ね書き

〈例3〉

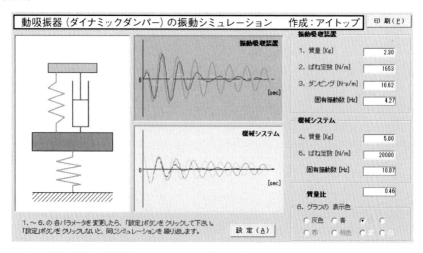

図4 動吸振器の質量比を0.46にした場合の振動シミュレーションを重ね書き

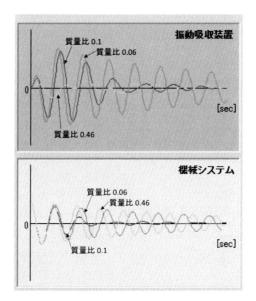

図5　動吸振器の質量比3種類の場合の振動シミュレーションの拡大図

わかりやすく拡大した図5にて確認してみましょう。質量比が0.06や0.46はすでに記した最適質量比0.1～0.2の範囲外であるので、質量比0.1の場合より動吸振器の効果がかなり劣ることがわかります。

私が実際に動吸振器を設計し実際の振動対策を行ったのは、例えば

① 産業機械に動吸振器を取付けて、振動低減と振動放射音の低減を行いました。

② 草を刈る手持ち工具の振動を低減し、手腕系に対する負荷を大幅に軽減しました。

③ 大型の鋼材切断機のコンクリート基礎に動吸振器を取り付け、地盤振動を低減しました。

〈動吸振器の具体的な設計計算例〉
〈設計課題〉

コンクリート基礎の上に振動の大きい機械（振動体）が設置されています。

この機械が通常の稼働しているとき、コンクリート基礎上に加速度ピックアップを設置し振動のパワースペクトル（周波数分析）を測定したら、10 Hz で大きなピークがありました。コンクリート基礎の 10 Hz の振動により、10 Hz の超低周波音が放射されて問題になっているとします。

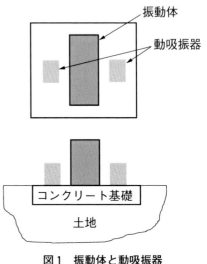

図1　振動体と動吸振器

図1のように、コンクリート基礎の上に動吸振器2台を設置しこの問題を解決することにします。

この動吸振器を設計してみましょう。

ただし、振動体の質量：500 kg、コンクリート基礎の質量：1800 kg とします。

〈設計解答例〉

コンクリート基礎の下の土地の剛性を図2のようにバネでモデル化します。土地が有する減衰は不明ですので簡単化のため省略します。

振動体およびコンクリート基礎は剛体とします。振動体とコンクリート

基礎が一体になって振動するとします。

するとこのモデル化したシステムの固有振動数を求める式は

$$f_n = \frac{1}{2\pi}\sqrt{\frac{K}{M}} \quad ④$$

$f_n = 10$ Hz、$M = 500$ kg $+ 1800$ kg とおくと FFT により実測したパワースペクトルにより、大きなピークは 10 Hz であったので、これを④式に代入すると

$$10 = \frac{1}{2\pi}\sqrt{\frac{K}{500+1800}}$$

$$10^2 \cdot (2\pi)^2 = \frac{K}{2300}$$

$K = 9070832$ [N/m]

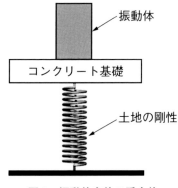

図2　振動体自体の系全体

上記により振動を低減したい物体の質量と剛性がわかったので次に動吸振器の各設計変数の値を計算します。

ここで、質量比 $\mu = 0.15$ とすると

$m = \mu M = 0.15 \times 2300 = 345$ [kg]

ここでは同じ動吸振器を2台使用するので1台の動吸振器の質量は

$m_d = 345 \div 2 = 172.5$ [kg]

$k_d = m_d(K/M)/(1+\mu)^2 = 172.5 \times (9070832/2300)/(1+0.15)^2$
　　$= 514414$ [N/m]

$c_d = 2\sqrt{m_d k_d}\sqrt{3\mu/[8(1+\mu)]}$
　　$= 2\sqrt{172.5 \times 514414}\sqrt{3 \times 0.15/[8(1+0.15)]} = 4167$ [N・s/m]

このように設計した動吸振器を機械の両側に1台ずつ、合計2台設置するものとします。

2-24 等価質量同定法は大変便利! 等価質量同定法を使用した動吸振器の実務的な設計法とは?

実際のエンジニアリングの設計現場で、動的質量（等価質量）を同定するための方法として「等価質量同定法」というのがあります。

一般の機械や構造物には、質量、ばね（剛性）、ダンパが混然一体となっている。

単順に質量やばね定数が算出できない場合が多い。
特に、弾性変形を伴う構造物に対しては、単純に動的質量を算出することができないという問題があります。

例えば、両端を支持された橋のような構造物を1自由度系の振動で表そうとするとき、橋の静的な総重量は1自由度系での動的質量とは異なります。

〈等価質量同定法とは？〉

今、1自由度のばね–質量系の集中質量振動モデルを考えます。

質量やばね定数は未知ですが、固有振動数は実測か数値解析により技術的に信頼できる値がわかっているものとします。

固有振動数 f_n は、

$$f_n = \frac{1}{2\pi}\sqrt{\frac{K}{M}} \quad [\text{Hz}] \quad (1)$$

下図のように、この構造物に既知の質量 Δm を取付けると、当然のことながら固有振動数は変化します。

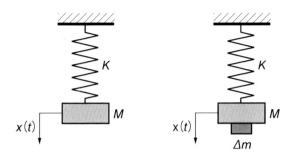

図1 バネーマス系の振動系に既知の付加質量を取付け

この場合の固有振動数も実測か数値解析により求められ、この変わった固有振動数 f_n' とすると

$$f_n' = \frac{1}{2\pi}\sqrt{\frac{K}{M+\Delta m}} \qquad (2)$$

(1)式と(2)式より、未知の質量 M は下記のように表されます。

$$M = \Delta m \frac{f_n'^2}{f_n^2 - f_n'^2} \qquad (3)$$

(3)式により、M がわかるので、これを(1)式に代入することにより、未知のばね定数 K が求まります。

$$K = \Delta m \frac{f_n'^2}{f_n^2 - f_n'^2}(2\pi f_n)^2 = \Delta m \frac{f_n'^2}{f_n^2 - f_n'^2}\omega_n^2 \qquad (4)$$

##〈すぐに役立つ実用振動設計の計算例〉

図は2点で支えられた板の中央にモータが取付けられて回転している様子を示します。

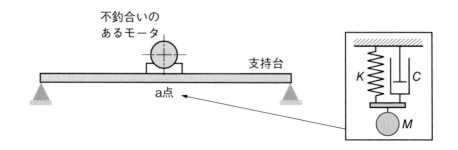

程度差はありますが、モータには不釣合い（アンバランス）があるので、モータが回転するとこの支持台は振動します。

基本的に、回転体には必ず不釣合いがあります。

このモータが停止しているときに、2chのFFT（高速フーリエ変換器）、インパルスハンマ（インパクトハンマとも呼ばれます）、加速度ピックアップ（加速度計とも呼ばれます）を使用して、この振動系全体の固有振動数を測定したら31 Hzでした。

モータが30 Hzで回転すると、この振動系全体の固有振動数にかなり近いので激しく共振しました。

モータ取付け部の真下のa点に、試しに $\Delta m = 15$ kg を取付け振動系全体の固有振動数を前記と同様の方法で測定したら、29 Hzになりました。

そこで Δm を取り除いて、a点に動吸振器を取付け、この振動を大幅に低減することにしました。

質量比 $=0.1$ として最適設計理論により動吸振器を設計して下さい。

> この等価質量同定法と計算例題は、下記の書籍より「許諾のうえ改変」しております。
> 背戸一登著、動吸振器とその応用、コロナ社（2010年8月発行）

[解答]

まず、主系の M と K を先に説明した等価質量同定法により求めます。

$$M = \Delta m \frac{f_n'^2}{f_n^2 - f_n'^2} = 15 \frac{29^2}{31^2 - 29^2} = 105 \, [\text{kg}]$$

$$K = \Delta m \frac{f_n'^2}{f_n^2 - f_n'^2} (2\pi f_n)^2 = 15 \frac{29^2}{31^2 - 29^2} (2\pi \times 31)^2 = 3979532 \, [\text{N/m}]$$

次に、最適設計理論により動吸振器の m_d、k_d、c_d を求めます。

$$m_d = \mu M = 0.1 \times 105 = 10.5 \, [\text{kg}]$$

$$k_d = m_d \left(\frac{K}{M}\right)\left(\frac{1}{\mu+1}\right)^2 = 10.5 \times \left(\frac{3979532}{105}\right)\left(\frac{1}{0.1+1}\right)^2 = 328887 \, [\text{N/m}]$$

$$c_d = 2\sqrt{m_d k_d} \sqrt{\frac{3\mu}{8(1+\mu)}} = 2\sqrt{10.5 \times 328887} \sqrt{\frac{3 \times 0.1}{8(1+0.1)}}$$

$$= 686 \, [\text{Ns/m}]$$

2-25 片持ちはり構造を持つ製品の固有振動数の計算のしかた

撹拌機、射出成形機のペレット溶解装置など製品の主構造が片持ちはりである機械も多い。そこで、このような機械の主構造部の軸の危険速度の計算のしかたを示します。

軸の危険速度を 60 で除した値が 1 次の固有振動数に相当します。

通常、1 次の固有振動数に関しては 1 次の曲げの固有振動数と 1 次の危険速度の値はほぼ一致します。

〈計算例〉

軸径 $\phi 40$ の回転軸の先端に重量 220 N のフライホイールを取付け、その重心はメタルブッシュ端面より 180 mm のところにあります。この軸の危険速度を求めなさい。軸の材質は SCM435 の調質材とします。また、回転軸の重量はフライホイール重量に比べてかなり軽いので無視することにします。

ここでいうところの $SCM435$ の調質材とは、焼入れ後に高温焼き戻し（400 ℃以上）をした材料とします。

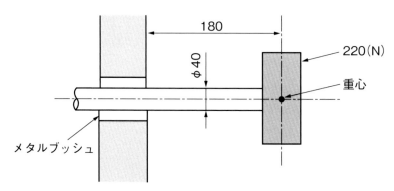

図1　回転軸の先端にフライホイールを固定

SCM435（クロムモリブデン鋼、通称はクロモリ）調質材のヤング率（縦弾性係数）を 2.05×10^5 MPa とします。

【解答】
　この**図1**を材料力学による計算がしやすいようにモデル化することを考えます。この場合は片持ちはりでモデル化（近似）すればよいと考えます。
　片持ちはりの先端に重量 W が加わった場合の、先端位置でのたわみ量を δ とすると、δ は材料力学の公式から

$$\delta=\frac{Wl^3}{3EI} \quad ①$$

このときの片持ちはり先端でのばね定数を k とすると、

$$k=\frac{W}{\delta} \quad ②$$

②式に①式を代入すると

$$k=\frac{W}{\dfrac{Wl^3}{3EI}}=\frac{3EI}{l^3} \quad ③$$

　さて、ここからは静的ばね定数（静剛性）と動的ばね定数（動剛性）を区別し、この関係に着目した説明を試みます。
　③式のばね定数は、厳密には静的ばね定数であり固有振動数を求める場合の動的ばね定数ではありませんが、1次の固有振動数に限って考えると、静的ばね定数の値は動的ばね定数の値に近い、すなわち近似してもよいと考えてよい場合が多いので、この場合もそのように考えることにします。
　ところで、この軸（円形断面）の断面2次モーメント I は

$$I=\frac{\pi d^4}{64}=\frac{\pi\times0.04^4}{64}=1.26\times10^{-7}\ [\mathrm{m^4}]$$

よって、1次の固有振動数は、その動剛性に静剛性の値を近似値として用

いて

$$f_n = \frac{1}{2\pi}\sqrt{\frac{k}{m}} = \frac{1}{2\pi}\sqrt{\frac{1}{\frac{W}{g}}\frac{3EI}{l^3}} = \frac{1}{2\pi}\sqrt{\frac{3EI \cdot g}{Wl^3}}$$

$$= \frac{1}{2\pi}\sqrt{\frac{3 \times 2.05 \times 10^5 \times 10^6 \times 1.26 \times 10^{-7} \times 9.8}{220 \times 0.18^3}}$$

$$= 123\ [\text{Hz}]$$

これは曲げの1次の固有振動数ですが、既に記したように回転軸の危険速度と考えてよいです。

危険速度は、1分間当たりの数値なので

$123 \times 60 = 7380\ [\text{rpm}]$

2-26 実験モード解析とは？シンプルに解説すると

実験モード解析は実験モーダル解析と呼ばれることもあります。実験モード解析の基本的な内容は下記になります。

1. FFT を使用して多数の周波数応答関数を測定により求める。
2. 測定した多数の周波数応答関数を市販の実験モード解析ソフトに入力する。
3. 市販の実験モード解析ソフト内で下記を行う。
   ① 振動体の図形を作成する。
   ② カーブ・フィッティング（曲線適合）を行う。
   ③ 固有振動数、振動モード、減衰比を求める。
   ④ モード・アニメーションにより各減衰固有振動数でどのように振動しているのかを動画にてチェックすることにより、振動の大きい部位を同定できる。

実験モード解析ソフトで解析することにより、なぜ、減衰固有振動数、振動モード、減衰比が求まるのか簡単に説明します。簡単のために線型1自由度系減衰振動について記します。

$$m\frac{d^2x(t)}{dt^2} + c\frac{dx(t)}{dt} + kx(t) = f(x) \quad ①$$

とします。

この運動方程式をラプラス変換して

$$(Ms^2 + Cs + K) \cdot X(s) = F(s) \quad ②$$

伝達関数は

$$H(s) = \frac{1/M}{s^2 + (C/M)s + K/M} \quad ③$$

③式を計算していきます。（途中計算略）

極を p、p^* とおくと

$$\left. \begin{array}{l} p = -\sigma + j \cdot 2\pi f_{dn} \\ p^* = -\sigma - j \cdot 2\pi f_{dn} \end{array} \right\} \quad ④$$

減衰比を ζ とおくと

$$\zeta = \frac{\sigma}{\sqrt{(2\pi f_{dn})^2 + \sigma^2}} \quad ⑤$$

上記より整理すると

1. 極が求められると、④式の虚数部より減衰固有振動数が求められます。
2. 減衰固有振動数が求まると、⑤式より減衰比が求まります。

これで減衰固有振動数と減衰比が求まります。

振動モードは、計算は省略しますが、周波数応答関数の留数を求めることにより求まります。

2-27 線型1自由度系減衰振動を制御工学のブロック線図で描いてみよう。

（このように表すと、MATLABのSimulink上にすぐに描くことができます。）

線型1自由度系強制減衰振動の運動方程式は

$$m\frac{d^2x(t)}{dt^2}+c\frac{dx(t)}{dt}+kx(t)=f(t) \quad ①$$

①式をラプラス変換して

$$Ms^2X(s)+CsX(s)+KX(s)=F(s) \quad ②$$

②式は

$$(Ms^2+Cs+K)X(s)=F(s) \quad ③$$

伝達関数を $G(s)$ とおくと

$$G(s)=\frac{X(s)}{F(s)}=\frac{1}{Ms^2+Cs+K} \quad ④$$

④式を系に対する入出力の図で表すと

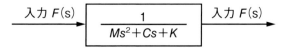

図1 系に対する入出力

図1を詳細なブロック図にすると

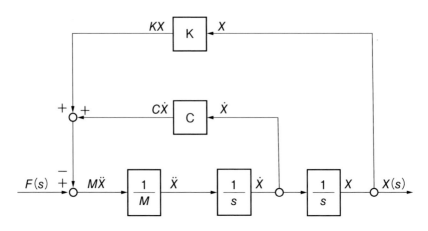

図2　制御技術の観点からの線型1自由度系強制減衰振動の表し方

　図2のようなブロック線図は、MATLABのSimulinkでよく見かけるような図です。
　図2にて$F(s)$の右隣の加え合せ点では、⑤式が成立しております。
$$F(s)-(C\dot{X}(s)+KX(s))=M\ddot{X}(s) \quad ⑤$$
⑤式より
$$M\ddot{X}+C\dot{X}(s)+KX(s)=F(s) \quad ⑥$$
になります。

2-28 実務エンジニアリングの観点からの振動のパッシブ制御技術とアクティブ制御技術について

　騒音の制御技術と同じようにパッシブ（受動的）な技術とアクティブ（能動的）な技術があります。振動におけるパッシブな技術とは、剛性をアップしたり、減衰をアップさせたりということが多くなってくるでしょう。

　振動におけるアクティブな技術とは、アクチュエータを取付けて逆位相の振動を発生させることにより振動を低減させるものです。

　これを実現させるためによく使用されている制御技術は、現代制御理論における最適制御という技術です。これは最適レギュレータとも呼ばれています。

　ポスト現代制御理論と呼ばれている技術もあります。これは現代制御理論が数学的に厳密であり、実務エンジニアにはなかなか使いこなすことができないということを解消する目的も含め、現代制御理論の後に構築された技術とのことです。このポストとう言葉は「〜の後に」という意味です。ポスト現代制御理論における一番の成果物として、H∞ 制御理論があるとよく言われていますが、ここではこれ以上触れません。

　なお、フィードバック制御ではなくフィードフォワード制御というのもありますが、これについても本書では触れません。

　振動の場合はセミアクティブといわれている技術があり、これは減衰の値をある範囲で変化させることができるシステムのことのようです。

　振動のパッシブ制御技術については動吸振器など、すでに本書で記しましたので、ここでは振動のアクティブ制御技術について解説致します。

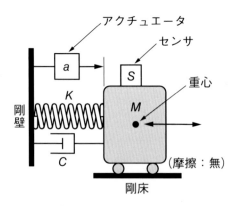

図1 線型1自由度減衰振動の能動制御

　図1は、質量Mの振動をセンサSで検出し、それと逆位相の振動をアクチュエータaにより発生させ、振動を低減させようというものです。

　実は、最適制御技術という制御技術よりも直感的に理解できて制御自体も容易な極配置による制御技術というのがあります。しかし極配置による制御では、アクチュエータに大きな制御力が必要になるという場合もあり、ランニングコストの点から、実現可能でない場合があります。

　可能であれば小さな制御力で大きな制御効果をあげたいものです。

　ここにおいて、現代制御理論において最適制御技術が考え出された必然性があります。最適制御技術では、評価関数というものを定義して、上記のような極配置による問題が生じないようにするというものです。

　つまり、評価関数にて、制御力とそれによる制御効果の両方を評価できるようにし、コストパフォーマンスを含めて制御全体のパフォーマンスを最適化しようというものです。

　さて、それでは評価関数を具体的にどのようにしたらいいかを考えてみましょう。

　振動の点から考えると、通常は今の振動が大きいから、振動を制御をして振動を小さくしたいということになります。ということは、今振動して

いる物体の振動エネルギとその振動を小さくするための逆位相の振動のエネルギーの双方を短時間で小さくした状態にするという制御が、ランニングコストも含めたパフォーマンスを最もよくすることになります。

　ランニングコストに影響するのは電気代です。電気代に直接影響するのは電圧と電流の双方を加味した電力です。電力と言うのは1秒間あたりの電気エネルギーでパワーとも言い、電圧の2乗に比例する量です。

　このような考えから次のような評価関数を考えることができます。

　評価関連の式は、一見難解に見えますが、この式が行っていることが理解できれば、当然の帰結として、このような式になるということが理解できますので、この観点から評価関数を説明します。

　評価関数を J とすると

$$J = \int_0^\infty [\{q\}^T [Q]\{q\} + Ra^2] dt \quad ①$$

　ただし、

$\int_0^T \{q\}^T [Q]\{q\} dt$ ：制御されるまでの振動のエネルギーに相当する量

$\{q\}^T = \{x \quad v\}$ ：x、v は変位、速度でいずれも状態量と呼ばれる量

$[Q]$：重み係数の役割

$\int_0^T Ra^2 dt$ ：アクチュエータにより制御されるまでの制御エネルギーに相当する量

a：アクチュエータによる制御力

R：重み係数の役割

　この評価関数 J を最小にするように、制御系内のゲインを決めて制御す

れば、小さな制御力で大きな制御効果が得られるということになります。これが最適制御理論にもとづく制御です。

> この項目は、下記の書籍より「許諾のうえ改変」しております。
> （安田仁彦著、振動工学―応用編―、コロナ社、2001年8月発行）

2-29　振動センサのIoT化のしかた

　ここ数年来、IoT（Internet of Things）やIIoT（Industrial Internet of Things）という言葉を頻繁に聞くようになりました。
　IoT化するための問題と解決法について記します。
① そのために使用するセンサの電源。電源が容易に準備できる場所であれば問題ないのですが、例えば、巨大橋の中央などでは、とてもではないですが電源を用意するのは困難です。そこで、そこに振動が存在すならその振動を利用して振動発電してそれをセンサの電源にしようというのがあります。そのために圧電素子や発電フィルムであるエレクトレット・フィルムを活用することが検討され、実用化されているものもあります。
② IoT用センサの信号をどのようにクラウドにアップするかを検討しなければなりません。市販の格安基盤であるRasberry Pieを使用したものが、すでに市販されはじめています。古い機械などでIoT化が困難な場合は、その機械の稼働状況を知るために、制御装置の各スイッチの設定状況をカメラで撮影しその画像をクラウドにアップし、IoT化するといった方法もすでに商品化されています。Rasberry Pieよりも楽にIoT化するための格安コンパクト基盤として2018年にはObniz（オブナイズ）というのものが新たに商品化されました。

　IoTでは、信号をクラウドにアップするのですから、世界のどこの国からアップしようと、その信号を、どこにいてもパソコンだけでなく携帯電話やタブレットでも受信できるわけです。
　ところで2019年、総務省はあらゆるものがネットにつながる「IoT」

の普及を踏まえて、端末機器に不正アクセスを防ぐ機能を設けることを義務付けるとのことです。

　適用は、2020年4月からとのことです。IoTでは無数の機器がネットにつながり、大規模な障害を生む不正アクセスの入り口になりかねません。2020年の東京五輪・パラリンピックを控えてサイバー攻撃が増える懸念もあり、対応を急ぐとのことです。

2-30　機械学習を使用した振動による故障予知診断のしかた

　2018年には、鉄道車両の故障予知診断方法が鉄道総合技術研究所により実用化され、発表されました。

　これは、例えば、従来のFFTにより分析したパワースペクトルの中のあるピーク周波数の値がある値を超えたらもうすぐ故障すると判断する制御、これを閾値制御と呼びますが、これでは故障予知診断ができないという場合がありました。

　よって、これとは違う方法で故障予知診断し従来からの閾値判断では不十分なところも故障予知診断できるようになりました。

　鉄道総合技術研究所が開発した方法は、一言でいうと、鉄道車両からの振動を常時監視し、そのままではビッグデータになってしまうので、オクターブ分析することによりデータ圧縮をしました。

　このオクターブ分析データを使用して統計解析の1つである主成分分析により故障予知診断を行うというものでした。

　このようなやりかたを機械学習（マシン・ラーニング）と呼んでいます。機械学習には、教師あり機械学習と教師なし機械学習があります。教師がいない場合は、深層学習（ディープ・ラーニング）などにより教師を作成します。

2-31 マルチフィジックスの物理現象をモデル・ベース・デザイン(MBD)によるフロントローディング研究・開発・設計を行う。発生している物理現象の本質を見抜きそれを数式で表す技術を修得するには?

　モデル・ベース・デザイン、略してMBDは今から30年くらい前から聞いている言葉です。決してここ数年で使用され始めた言葉ではありません。

　モデル・ベース・デザイン、正確に言うとモデル・ベースト・デザインでしょうか。モデル・ベースト・ディベロップメントを意味することもあります。

　このMBDとは、実際に発生している現象から枝葉を取り除き、本質だけにすることによりシンプル化できるので、その本質的挙動を微分方程式などの数式で表すことにより計算できるようにし、すなわちシミュレーションできるようにし、手戻りの少ないフロントローディング開発や設計をするのに役立てようというものです。

　このMBDはMATLAB(Simulink)だけでなく、LabView、Scilab(Xcos)、Excel VBA、Octave、Maximaや有限要素法・有限体積法・境界要素法・粒子法・格子ボルツマン法などによる解析ソフトでも各ソフトに対応したMBDができます。手間と必要になる技術力はどれを使用するかによりかなり異なりますが…。

　要は、どのソフトを使用するかということが最重要なのではなく、これらを使う技術者に使いこなす技術能力が備わっているということが一番重要なことになります。

　具体的に使いこなすための技術について記すと、まず最初に必要になるのがすでに記したように、発生している物理現象などから本質を見抜く能

力です。これはかなり実験解析の経験を積み、物理・数学をベースにした理論をよく理解していないと身につけていくことができません。

実際には、これを身につけるのは大変です。努力だけでなく、努力により養成されてくるエンジニアとしての技術センス（エンジニアリングセンス）を修得することも大切です。

次にこれらを数式化する能力です。多分野にまたがっていればマルチフィジックスとして連成させて数式化する能力が必要になります。連成のさせかたには、強連成と弱連成があります。

ここでは、発生している現象を技術・物理・数学を三位一体に連携させ数式化する能力が必要になります。この技術を身につけるのも至難の業です。

基本的にはここまできてやっと、MATLABなどのシミュレーションソフトに上記で求めた数式を入力してシミュレーションを行うことができるということになります。

次に、シミュレーション結果が実際をどの程度反映しているか検証するために、技術的に信頼できる実験解析を行い、その結果に合うようにシミュレーションソフトに入力した数式などを修正し、十分に実際を正しく反映していることを確認してから、フロントローディング開発・設計に使用し、不具合などによる設計の手戻りをなくすことにより、開発・設計期間を大幅に短縮できるということになるわけです。

技術的に信頼できる実験解析能力を身につけるのも大変で、自己流でやっているだけでは全くダメで、このあたりをよく知った技術コンサルタントや大学の先生に一緒に実験および実験解析を行ってもらい、自分が気がつかずに行っている技術的にまずいところや誤ったところをどんどん指摘

してもらい、なぜまずいのか自分が納得できるように技術理論も含め説明してもらい、理解することが大切です。そして実験解析により取得したデータを技術的に正しく読みこなし、振動・騒音問題解決などの実務に役立てる技術を理解し身につけることも大切です。

おわりに

　振動技術に本格的に関わり始めたのは、大学4年生のときの卒業研究でした。
　大学3年生の終わりごろ、東京電機大学工学部の振動研究室の三船博史教授から
「世の中に有限要素法という新しい技術がでてきました。今年から当研究室でも卒業研究でこれをやることにしました。4年生の卒業研究で当研究室に入って有限要素法による応力解析と固有値解析の研究をしてもらえませんか？」
　何の研究のことかよくわかりませんでしたが、今から約45年前の話で時代背景もあり、
「はい、やらさせて頂きます。」
というのが私の精一杯の返事でした。
　この時点では、有限要素法のソフトは何一つ市販されてなく、日本語で書かれた有限要素法の専門書がまだ2冊くらいしかないという状況で、有限要素法を理解するには大変な時代でした。
　大学4年生のとき、就職活動を始めて数ヶ月した頃、私より一回り以上年上の知人（社会人）からお誘いを頂き、振動・騒音の測定器メーカーに就職することになりました。
　しかし、就職してから2年後に機械メーカーに転職してしまいました。筆者の大学時代の専攻は機械工学でしたので、やはり機械関係の仕事がしたいと考えたからでした。
　この機械メーカーでは幸運にもCNC加工機械などの、製造、修理、設計、開発、研究といったいわゆる「製造から技術研究所」までといった一連の

おわりに

仕事を技術屋として経験させて頂き、技術研究所では振動・騒音の研究がなされていなかったので、最初は一人で振動・騒音研究室のような組織を作らせて頂きましたが、最初なので当然のことながら何の実績・成果も出してないので、研究費がなく何の測定器も購入できない状態からのスタートでした。

このような状況の中、当時の技術研究所の研究所長、課長には大変お世話になりました。

そして5年が経過し39歳のときにこの会社を退社し振動・騒音技術とその周辺技術を専門とする技術コンサルタントとして独立しました。振動・騒音技術に関わって今年で約45年、こんなに長い間、振動・騒音に関わるとは夢にも思っていませんでした。

技術コンサルタントとして独立してから、そして技術セミナーの講師を始めてから約25年間が経過しました。まだまだ、集大成として本を執筆できる状況ではありませんが、本書を執筆する2度目の機会を日刊工業新聞社の出版局書籍編集部の鈴木徹部長より頂きましたので、今回はいくら忙しくてもなんとしても書き上げなければという思いで執筆しました。

1回目に頂いた機会は10年くらい前だったと記憶していますが、忙しさにかまけて執筆することができませんでした。にもかかわらず2回目の機会を与えて下さった鈴木部長の寛容さに大変感謝しております。

鈴木部長からは、実務エンジニア向けの書籍なので、数式はなるべく少なくするようにとアドバイスを頂いておりました。なるべく少なくしたつもりですが、営業マン向けの技術の入門書ではないので、ある程度数式が多くなりましたが、難解な式は極力避け実務技術に関係する数式にある程度絞ったつもりです。

数学嫌いの読者は数式を読み飛ばして頂いても、実務エンジニアリングにて役立つことがだいたい理解できるように執筆したつもりですので、技

術を楽しみながら理解できるところだけでもよいのでお読み頂ければ、それだけでもかなり仕事に役立つし技術力も向上するのではないかと、勝手ながら考えております。

　最後に、本書の執筆に際し、転載（許諾のうえ改変）のご快諾を頂きました首都大学東京の鈴木浩平名誉教授、日本大学の背戸一登元教授（現背戸振動制御研究所所長），名古屋大学の安田仁彦名誉教授など、多くのかたに感謝致します。

　本書が実務エンジニアのための振動・騒音技術の参考書としてお役に立てば幸いです。

[参考文献]

〈数学・力学関連〉
1) 青野朋義：物理学，東京電機大学出版局（1992）
2) 小出昭一郎：物理学，裳華房（1997）
3) 斎藤正彦：線型代数入門，東京大学出版会（1966）

〈機械設計〉
1) 日本機械設計工業会，平成30年版　機械設計技術者試験問題集，（2017）
2) 岩浪繁蔵：機械設計演習，産業図書（1966）
3) 吉沢武男：機械要素設計，裳華房（1962）
4) 斉藤勅男：機械設計演習，日刊工業新聞社（1960）
5) 伊藤美光：機械の駆動システム設計，日刊工業新聞社（1995）
6) 井澤實：機械設計工学，理工学社（2007）
7) 鳴瀧良之助，他：機械設計演習，学献社（1975）

〈振動工学〉
1) 三船博史：機械力学，東京電機大学出版局（1990）
2) 三船博史：振動の解析，東京電機大学出版局（1992）
3) 背戸一登：動吸振器とその応用，コロナ社（2010）
4) 安田仁彦：振動工学（基礎偏，応用編），コロナ社（2001）
5) 鈴木浩平：振動の工学，丸善（2004）
6) 谷口修，他：振動工学ハンドブック，養賢堂（1976）
7) 安田仁彦：モード解析と動的設計，コロナ社（1993）
8) 國枝正春：実用機械振動学，理工学社（1988）
9) ジェー・エン・マクダフ（著）、小堀与一（訳）：振動制御，コロナ社（1968）
10) 田中信雄：振動制御，養賢堂（2008）
11) 保坂寛：機械振動学，東京大学出版会（2005）
12) 石田幸男，他：回転体力学の基礎と振動，コロナ社（2016）
13) 松下修己：回転機械の振動，コロナ社（2009）
14) 松下修己：続　回転機械の振動，コロナ社（2012）
15) トビアス（著），下郷太郎（訳）：工作機械の振動，コロナ社（1968）

16）日本機会学会：機械システムのダイナミックス入門，丸善（2005）
17）大熊政明：構造動力学，朝倉書店（2012）
18）長松昭男：モード解析入門，コロナ社
19）大久保信行：機械のモーダル・アナリシス，中央大学出版部（1982）
20）長松昭男：実用モード解析入門，コロナ社（2017）
21）長松昭男：モード解析，培風館（1985）
22）長松昭男：音・振動のモード解析と制御，コロナ社（1996）
23）モード解析ハンドブック編集委員会：モード解析ハンドブック，コロナ社（1999）

〈音響工学・騒音工学関連〉
1）西村正治：アクティブノイズコントロール，コロナ社（2006）
2）小林英男，他：音響インテンシティ計測法の基礎と応用（技術レポート第10号），日本騒音制御工学会（1991）
3）小林英男，他：アクティブ制御開発の現状と適用事例（技術レポート第16号），日本騒音制御工学会（1995）
4）FrankJ. Fahy（著）、橘秀樹（翻訳）：サウンドインテンシティ理論と応用，オーム社（1998）
5）福田基一：騒音防止工学，日刊工業新聞社（1976）
6）安田仁彦：機械音響学，コロナ社（2004）
7）田中信雄：振動音響制御，コロナ社（2009）

〈制御技術〉
1）尾形克彦（著），石川　潤訳（翻訳）：制御のためのMATLAB，東京電機大学出版局（2010）
2）森泰親：演習で学ぶPID制御，森北出版株式会社（2009）
3）森泰親：演習で学ぶ現代制御理論、森北出版株式会社（2014）
4）川谷亮治：「Scilab」で学ぶ現代制御，工学社（2017）
5）山本透，他：実習で学ぶモデルベース開発，コロナ社（2018）
6）美多勉，中野道雄：制御基礎理論（古典から現代まで），昭晃堂（2006）
7）後藤聡：メカトロサーボ系制御，森北出版（1998）

[参考文献]

8）田中裕久：油空圧のディジタル制御と応用，近代図書（1987）
9）Charles L. Phillips（著），横山隆一（訳），他：ディジタル制御システム，日刊工業新聞社（1990）

〈有限要素法などによる数値解析〉
1）菊池文雄：有限要素法概説，サイエンス社（1999）
2）日本建築学会：はじめての音響数値シミュレーションプログラミングガイド，コロナ社（2012）
3）竹内則雄，他：計算力学-有限要素法の基礎，森北出版（2003）
4）O. C. ツィエンキーヴィッツ（著），吉識雅夫（著）：基礎工学におけるマトリックス有限要素法，培風館（1975）
5）信原泰夫，桜井達美：コンピュータによる構造工学講座　骨組構造解析入門，培風館（1970）
6）日本鋼構造協会：コンピュータによる構造工学講座　マトリックス法振動および応答，培風館（1971）
7）日本鋼構造協会：コンピュータによる構造工学講座　有限要素法による構造解析プログラム，培風館（1970年）

〈信号処理・計測〉
1）日野幹雄：スペクトル解析，朝倉書店（1977）
2）ピアソル（著），ベンダット（著），得丸英勝（訳）：ランダムデータの統計的処理，培風館（1976）
3）ニューランド（著），坂田勝（訳）：不規則振動とスペクトル解析，オーム社（1991）

〈機械学習〉
1）福井健一：Pythonと実例で学ぶ機械学習　識別・予測・異常検知，オーム社（2018）

〈著者紹介〉
小林　英男（こばやし　ひでお）

有限会社アイトップ　代表取締役　技術コンサルタント

東京電機大学工学部機械工学科卒業
学生時代に ESS（英会話部）に所属し、カリフォルニア大学バークレイ校に語学研修、および毎日新聞社後援英語弁論大会で3位入賞、全日本選抜英語集中トレーニングコースを2年連続で受講など英語の修得に力を入れた。東京電機大学第53代 ESS 部長。目的は世界で活躍できるエンジニアになるため。

大学卒業後、リオン㈱に入社し、騒音・振動の測定・分析・対策、および海外事業部でヨーロッパを担当しセールスエンジニアとして従事。

その後、㈱アマダに転職。
㈱アマダでは、工場で組立・製造・検査、海外事業部で技術サービスおよび技術コンサルタント、システム事業部で板金加工自動化ライン（FMS）の開発・設計、技術研究所でアマダ製品の低騒音・低振動化および快適音化などの研究開発に携わり、大ヒット商品を世に送り出した。製造、サービス、設計、開発、研究（製造から研究まで）の一連の実務経験を積んだ。
東京農工大学大学院工学研究科にて5年間特別研究員（産学協同研究、文部省認定）。

その後、有限会社アイトップを設立。技術コンサルタントとして独立して約25年が経過し現在に至る。名古屋大学大学院非常勤講師。
振動・騒音とその周辺技術の技術コンサルティング（技術指導）とセミナーの講師を約25年間実施。すでに、500社以上に技術指導、セミナーには3000社以上が受講（のべ人数で15000人以上が受講）。現在では自社主催のセミナーで振動・騒音だけでなく、機械設計、材料、熱処理、ディジタル信号処理、制御（古典制御・現代制御）、疲労破壊、有限要素法などによるコンピュータ・シミュレーション、実験解析、Excel VBA による技術計算、流体、伝熱、機械学習などのための統計解析、応用物理、技術数学、技術英語など振動・騒音とその周辺技術などのセミナー講師を行っている。企業への出張技術セミナーも実施。30ヵ国以上に海外出張、エンジニアとして英語で仕事を実施。

趣味は、2016年から始めた極真空手（極真空手西湘支部小田原本部道場に所属）、および小学生時代からの山歩き（現在でも仲間と毎月山歩きをしている）。

有限会社アイトップのホームページ
　http://aitop.stars.ne.jp/

有限会社アイトップ主催のセミナーのホームページ
　http://aitop.sakuraweb.com/seminar/

技術指導・セミナーなどのお問合せ
　ktl@r4.dion.ne.jp

ブログ：技術コンサルタントのひとりごと
　https://aitop-1.amebaownd.com

シッカリ学べる！
機械設計者のための振動・騒音対策技術 NDC 501.24

2019 年 4 月 19 日　初版 1 刷発行
2024 年 12 月 20 日　初版 5 刷発行

定価はカバーに表示してあります

　　Ⓒ　著　者　　小林　英男
　　　　発行者　　井水　治博
　　　　発行所　　日刊工業新聞社
　　　　　　　　　〒 103-8548
　　　　　　　　　東京都中央区日本橋小網町 14-1
　　　　電　話　　書籍編集部　03（5644）7490
　　　　　　　　　販売・管理部　03（5644）7403
　　　　FAX　　03（5644）7400
　　　　振替口座　00190-2-186076
　　　　URL　　　https://pub.nikkan.co.jp/
　　　　e-mail　　info_shuppan@nikkan.tech
　　　　印刷・製本　美研プリンティング㈱（2）

落丁・乱丁本はお取り替えいたします。　　2019 Printied in Japan
ISBN 978-4-526-07972-6　C3053

本書の無断複写は、著作権法上での例外を除き、禁じられています。